Dieter Jauch

Poissons rouges

Photos :
Burkard Kahl

Illustrations :
Fritz W. Köhler

Traduction :
Marie Duval

HACHETTE

Table des matières

Avertissement

Vous trouverez dans ce livre la description d'appareils électriques pour aquarium et bassin d'extérieur. Respectez scrupuleusement les indications p. 11 et 12 pour éviter des accidents graves. Avant d'acheter un aquarium de grande taille, vérifiez la charge autorisée sur le plancher de votre appartement (p. 11). Il n'est pas toujours possible d'éviter les dégâts des eaux par bris de verre, débordement ou joints défectueux. N'omettez pas de vous assurer (p. 11).
Pour éviter tout accident, protégez votre bassin d'extérieur (grille ou clôture) si vous avez de jeunes enfants ou si votre jardin n'est pas clos. Souscrivez une assurance responsabilité civile qui couvre le bassin. Vous devez veiller à ce que les eaux n'inondent pas les jardins voisins (y compris par ruissellement souterrain). Contrôlez régulièrement les conduites et surveillez attentivement le renouvellement de l'eau et la vidange du bassin. Veillez à ce que les enfants ne mangent pas les plantes d'aquarium ou d'étang. Elles peuvent être très nocives. Mettez également à l'abri des enfants les médicaments destinés aux poissons.

Introduction

Les premiers élevages de poissons rouges apparurent en Chine il y a environ 1 000 ans, celui des Koïs existe au Japon depuis 2 000 ans. Au fil des siècles, les espèces les plus extraordinaires de poissons rouges et Koïs – appelés aussi carpes ornementales – ont vu le jour.
On trouve de nos jours des poissons rouges dans le monde entier et l'élevage des Koïs fait des adeptes de plus en plus nombreux. Du fait de la diversité des espèces, le choix devient un véritable casse-tête pour l'amateur qui finit souvent par croire que la beauté de son aquarium dépend de la quantité de poissons, ce qui est une erreur. Il ne suffit pas d'apprécier la beauté d'un poisson pour savoir s'en occuper.
Poissons rouges et Koïs sont certes des compagnons peu exigeants mais le débutant a intérêt à connaître les principes de leur élevage pour éviter des erreurs et profiter longtemps de ses poissons. Les poissons rouges peuvent vivre 10 ans, les Koïs, 20 ans.
L'auteur de ce guide, Dietrich Jauch, directeur de l'aquarium de Wilhelma à Stuttgart et spécialiste de l'élevage des poissons rouges et des Koïs, livre ici au lecteur les fruits de sa longue expérience.
Faciles à suivre même par des débutants, ses conseils – taille, emplacement, équipement technique, soins et entretien – vous permettront d'installer un aquarium ou un bassin adapté aux poissons de votre choix.
De brèves descriptions, illustrées des plantes aquatiques pour aquariums et bassins, vous aideront à créer un environnement harmonieux. Les conseils expérimentés de Dietrich Jauch pour l'achat, l'installation, la nourriture, le diagnostic des maladies et leur traitement vous permettront de bien soigner vos poissons rouges.
Le chapitre « Comprendre les poissons » complétera votre information sur le comportement et les besoins des poissons rouges et des Koïs. Un supplément traite des principes de l'élevage des poissons rouges. Dieter Jauch vous y initie à la tradition millénaire de cet élevage et aux « secrets » de la sélection des espèces les plus extraordinaires.
Vous trouverez à la fin de ce guide, une présentation des meilleures espèces de poissons rouges, indiquant la provenance, la morphologie, la forme des nageoires, les coloris et des conseils d'élevage.
Les Koïs sont classés selon leur nom japonais et leurs coloris.
Les espèces les plus belles ont été spécialement photographiées pour cet ouvrage.

Poissons rouges et Koïs

La naissance du poisson rouge et de ses variétés

L'histoire du poisson rouge remonte à 1 000 ans. Sa forme originaire est le cyprin doré *(Carassius auratus gibelio)*, un genre de carpe qui vit en Asie orientale. Ce cyprin doré est voisin de nos cyprins actuels *(Carassius carassius)*. Comme il naissait régulièrement des sujets dorés et même orangés, ce poisson fut élevé de bonne heure en Chine dans les bassins d'ornement. C'est de lui que provient notre poisson rouge actuel *(Carassius auratus auratus)*.

Le « Chi » doré : vers 968-975, déjà, on trouve des descritions du « Chi » doré, nom que l'on donnait en Chine au cyprin doré. Ting-Yen-Tsan, gouverneur de la province de Chekiang, élevait des « Chis » jaunes et rouges dans un étang proche de la ville de Kiasching. Pour que ses poissons rouges ne finissent pas en matelote, il les faisait protéger et avait nommé son étang « Étang pour l'émancipation des animaux ». À vrai dire, on pouvait continuer à y pêcher toutes les autres races de poisson... Les moines boudhiques eurent, eux aussi, des étangs à poissons rouges, ceux de la pagode de Luho à Hangtschou, par exemple. La vie des poissons d'étang était alors encore à moitié sauvage : on se contentait de les nourrir et tous avaient la même couleur dorée. Une cinquantaine d'années plus tard, on trouve pourtant la description de divers tons de rouge qui vont du rose des fleurs de prunier au rouge vif des pattes de la huppe.

Les débuts de l'élevage : vers le milieu du XIIe siècle on commença à élever les poissons rouges dans des bassins construits pour eux. Ce furent d'abord l'empereur et les seigneurs féodaux, puis de riches bourgeois qui en étaient fervents. Ainsi débutèrent l'élevage et la domestication des poissons rouges.

Les Chinois commencèrent l'élevage des poissons rouges il y a 1 000 ans. L'espèce « Queue-de-voile » se dégagea ainsi du cyprin doré.

À cette époque, on commença à distinguer le poisson blanc et le poisson tacheté. Le premier sujet multicolore est mentionné en 1189. Quand on prit l'habitude d'élever des poissons rouges dans de grandes jarres de terre, cet élevage gagna de très nombreux adeptes. Ce mode d'élevage dans des récipients non transparents obligea les éleveurs à privilégier les espèces particulièrement belles vues du dessus.

Entre 1547 et 1643 naquirent d'innombrables espèces de poissons rouges : yeux globuleux, corps aplatis, nageoires caudales ondoyantes, doubles, excroissances sur la tête. *Diffusion :* les cyprins dorés furent sans doute importés vers 1502 au Japon. Entre 1700 et 1710, on trouve les premiers élevages japonais.
Le Japon est aujourd'hui le premier pays exportateur de poissons rouges. On trouve ces poissons dans le monde entier. L'Angleterre et le Portugal furent les premiers importateurs, puis la Hollande. Vers 1780, l'ambassadeur de Prusse aux Pays-Bas introduisit les premiers poissons rouges à Berlin. Sous nos latitudes, l'élevage des poissons rouges fut à son apogée entre 1870 et 1930. Les Queue-de-voile et autres espèces précieuses *(voir p. 50)* apparurent. En Chine aussi, cette période est marquée par un renouveau. Apparaissent alors Tête-de-lion, Œil-de-dragon, Écailles-perlées et Poisson-bulle. Par la suite, les poissons rouges connurent un certain déclin face à l'importation de poissons d'Afrique, d'Asie et d'Amérique du Sud.

Poisson rouge et carassin se remarquent à leurs coloris somptueux. Le Shubukin (en haut) est rouge tacheté de jaune, noir et gris ; le Kohaku (en bas) est blanc avec de larges taches rouges.

Ces dernières années ont été marquées par un renouveau. On s'aperçoit que ce poisson représente un effort d'élevage millénaire et que c'est un véritable animal domestique dont la nature gaie, les formes et les coloris somptueux trouvent des amateurs toujours plus nombreux.

La naissance de la carpe Koï

L'histoire du Koï (appelé aussi carpe ornementale) commence au Japon il y a 2 000 ans. Son ancêtre est la carpe sauvage à écailles, poisson plus mince que la carpe que nous consommons actuellement. Elle ressemble beaucoup au cyprin doré mais possède une paire de barbillons à la lèvre supérieure. C'est à partir de cette carpe que l'on produisit vers l'an 1 000 les premières carpes ornementales unicolores. Les Japonais, férus de jardin, élevaient des animaux dont les coloris devaient s'harmoniser avec les bassins et ils donnèrent la préférence aux carpes de couleur claire. Comme pour le poisson rouge en Chine, l'élevage des carpes ornementales « Nishikigoï » resta longtemps un privilège de la noblesse ; c'est sous le règne d'Oda Nobunaga (1582 à 1598) qu'il se popularisa, mais jusqu'au début du siècle, le nombre d'espèces de carpes ornementales resta très restreint. Vers 1912, au début de l'ère Taishô, cet élevage prit un essor foudroyant et c'est de là que viennent les nombreuses espèces que nous connaissons. Après la Deuxième Guerre mondiale, les Koïs arrivèrent en Europe où ils ne trouvèrent d'abord que peu d'amateurs du fait de leur grande taille. Mais les bassins de plein air ont de plus en plus d'amateurs et les carpes ornementales sont à présent aussi populaires chez nous qu'en Angleterre ou aux États-Unis.

Conseils d'achat

Réfléchir avant d'acheter

Le temps : les poissons sont peu exigeants mais ont besoin de certains soins. Un aquarium ou un bassin souillés mettent leur vie en danger. Un aquarium de 200 litres demande 15 mn chaque jour pour la nourriture et la surveillance des poissons.
Une fois par semaine, il faut compter 2 à 3 h pour nettoyer le bassin et changer le filtre à l'occasion. Si vous voulez pratiquer l'élevage, vous pouvez tripler ce temps et doubler les frais. Pensez aussi que vous vous engagez pour longtemps : poissons rouges et Queue-de-voile peuvent vivre 10 ans. Quant aux carpes de bassin, elles vivent au moins 20 ans.

Les frais : outre le prix d'un aquarium de 200 litres *(voir p. 11 à 13)*, comptez les frais d'entretien, de nourriture et, bien sûr, le coût des poissons et des plantes. L'installation d'un bassin pour les poissons rouges et les Koïs sera encore plus coûteuse au début mais les frais seront moindres par la suite. En revanche, vous devez prévoir un abri d'hiver pour vos poissons rouges *(voir p. 21)*. Songez que vous ne pouvez pas élever de carpe ornementale ailleurs que dans un bassin *(voir p. 17)*.

Les vacances : vous pouvez partir quelques jours, il existe des distributeurs automatiques de nourriture, mais si vous partez pour plus longtemps, il vous faudra trouver des amis ou des voisins de confiance qui viendront nourrir et soigner vos poissons tous les deux ou trois jours.

Principes à respecter

En animalerie ou dans les rayons spécialisés des grands magasins, vous trouverez en général des conditions sanitaires satisfaisantes. Voici quelques principes qui doivent guider votre choix :
Règle n° 1 : un poisson ne se sent bien que si l'eau est propre. Si l'aquarium est sale, plein d'excréments, les parois couvertes d'algues, l'eau trouble et malodorante, vous pouvez être sûr que les poissons qu'on vous propose n'ont pas été bien soignés et sont déjà en danger de mort.
Il va de soi que vous n'achèterez pas vos poissons dans ce genre de magasin.
Règle n° 2 : un poisson en bonne santé est vif. S'il s'en trouve un ou deux maigres dans un aquarium plein de poissons, ce n'est pas grave. Mais si de nombreux poissons semblent mal nourris, le ventre amaigri, c'est un signe de maladie *(voir p. 27)*.
Les poissons qui sont en mauvais état général sont plus sujets aux infections et peuvent tomber malade du seul fait du transport et du changement d'environnement.
Des poissons curieux, qui nagent paisiblement et font preuve d'appétit sont en général en bonne santé.
Aucun commerçant ne va nourrir les poissons à votre demande : l'eau en serait vite souillée. Ils ont d'ailleurs besoin d'alterner repas et pauses.
Règle n° 3 : n'achetez que des poissons exempts de tout signe de maladie ou malformation (colonne vertébrale tordue ou nageoires malformées).

Avoir un animal de compagnie entraîne des responsabilités. Réfléchissez donc avant de faire installer un aquarium ou un bassin.

Autres maladies :
• le poisson a les nageoires collées ;
• il se frotte aux cailloux, plantes, parois ou sol de l'aquarium ;
• il est couvert d'un enduit blanc floconneux, ou a des points blancs – autres que les boutons de noce, éruption sexuelle au moment de la reproduction ;
• il a des abcès gonflés, cerclés de sombre ;
• le ventre gonflé, en écailles hérissées. Les poissons qui nagent en titubant sont près de mourir.

Règle n° 4 : seuls les poissons aux couleurs et à la morphologie parfaites se prêtent à l'élevage. Le poisson rouge et le Koï sont des poissons d'élevage. Comme pour le chien, le chat et le canari, il y a des sujets plus ou moins proches du type idéal de la race. N'achetez que des sujets qui correspondent au type décrit. On vous en proposera malheureusement beaucoup qui ne satisfont pas à ces exigences. L'élevage des poissons rouges n'est pas encore aussi bien entré dans les mœurs qu'en Grande-Bretagne ou aux États-Unis, sans parler de leurs pays d'origine.
Les Queue-de-voile et carpes ornementales de qualité coûtent cher, si vous en trouvez de bon marché, c'est que les standards de la race ne sont pas respectés. Les poissons jeunes sont bon marché, mais il faut savoir les juger. Dans ce cas, vous aurez le plaisir de les voir grandir.

Le transport

Dans un sac de polyéthylène empli d'eau que l'on presse pour faire sortir l'air et que l'on emplit d'oxygène avec un tuyau spécial. Pour de jeunes poissons, un sachet suffit, pour les plus gros, mettez en deux l'un dans l'autre, que vous fermerez séparément. Si votre trajet dure un certain temps, le mélange doit comporter 1/3 d'eau et 2/3 d'oxygène. Pour les sujets précieux ou assez grands, emballez-les séparément. Avec un carton tapissé de vieux journaux, vous pouvez faire un trajet de plusieurs heures.

Installation et quarantaine

Placez le sachet toujours fermé dans l'aquarium, le bassin ou le bocal de quarantaine *(voir ci-dessous)* environ 15 mn pour que les températures s'équilibrent. Vous placerez ensuite les poissons dans un seau où vous introduirez peu à peu l'eau de l'aquarium ou du bassin avant de les transférer définitivement.
Quarantaine : quel que soit le soin que vous ayez apporté à votre choix, vous n'êtes pas à l'abri de surprises désagréables telles que maladies contagieuses. C'est pourquoi vous n'introduirez pas directement de nouveaux poissons dans un aquarium déjà peuplé. Mettez-les d'abord en quarantaine dans un bocal séparé au moins trois semaines. Un poisson d'apparence saine peut être porteur de germes mortels. Si la maladie se déclare dans le bocal de quarantaine, elle ne mettra pas en danger vos précieux poissons bien installés et vous pourrez peut-être la guérir. La quarantaine est indispensable en bassin de plein air où vous ne pouvez observer les poissons sur toutes leurs faces et où le traitement serait particulièrement délicat.

Kohaku, carpe ornementale bicolore. Elle s'apprivoise si bien qu'elle se laisse caresser sous la tête.

L'aquarium des poissons rouges

Les poissons rouges sont des compagnons peu exigeants et se contentent de peu de soins et d'un environnement simple. Choisissez cependant un aquarium suffisamment grand et bien installé dans lequel l'aspect des poissons voiles sera particulièrement mis en valeur. Vous trouverez tout ce qui concerne l'aquarium dans la littérature spécialisée, je ne vous indiquerai ici que ce qui concerne les poissons rouges.

Remarque importante
Élever des poissons en aquarium n'est pas répertorié parmi les activités « à risques » mais vérifiez que votre assurance couvre bien les dégâts des eaux. Cela doit être mentionné expressément, sans entraîner de frais supplémentaires. Si vous faites partie d'un club d'aquariophiles, vous êtes la plupart du temps assuré d'office.

Taille, emplacement, équipement
Taille : pour les poissons rouges ordinaires, Queues-de-voile et autres espèces de 15 à 20 cm, il vous faut un aquarium de 200 litres qui mesure en général 100 x 40 x 50 cm. Tant que les poissons sont jeunes, un aquarium de 80 litres (80 x 35 x 40 cm) suffit, mais cela n'est que provisoire : les poissons grandissent vite.
En cas d'hivernage, les petits poissons se contenteront de 5 litres, les grands de 15 litres chacun.
Type d'aquarium : en verre, sans cadre, ou avec des bordures de plastique ou d'aluminium anodisé dont les vitres sont ajustées par des joints de silicone. Demandez conseil à votre spécialiste animalier.

Diverses espèces de Tête-de-lion :
En haut à gauche :
Tête-de-lion hollandais ;
en haut à droite : Tête-de-buffle ;
en bas à gauche :
Oranda couleur de fer ;
en bas à droite : Oranda à tête rouge.

Évitez le traditionnel bocal à poissons rouges dont l'eau est vite souillée et qui ne permet pas une oxygénation suffisante. Si vous enfermez vos poissons rouges dans ce genre de bocal, vous êtes coupable de mauvais traitement à animaux !
Emplacement : on éclaire maintenant les aquariums à l'électricité, vous n'avez plus besoin de le mettre près de la fenêtre. L'ensoleillement direct est d'ailleurs nocif car les algues se développent trop vite.
***Attention :** pensez au poids de l'aquarium, avec l'eau et le socle (400 kg par m^2) et assurez-vous auprès de l'architecte ou du propriétaire que le sol de votre appartement peut le supporter.*
Éclairage : On peut utiliser
• des tubes luminescents de différentes nuances ; vous pouvez choisir une nuance ou en combiner plusieurs. Les lampes sont placées dans des galeries spéciales qui surplombent l'aquarium ;
• des lampes au mercure à haute pression ou des lampes halogènes suspendues au-dessus de l'aquarium avec un réflecteur. Veillez à ce que l'éclairage soit suffisant sinon vos plantes aquatiques vont se rabougrir. Prévoyez de 0,5 à 1 watt par litre d'eau, suivant l'éclairage désiré.
***Attention :** vérifiez que les lampes que vous achetez sont bien homologuées.*
Filtrage : pour les aquariums jusqu'à 80 cm de longueur, prévoyez un filtre intérieur avec une pompe à membrane

qui fournira en même temps l'oxygène à vos poissons. Les aquariums de plus grande taille seront nettoyés par une pompe à piston que l'on place à l'extérieur de l'aquarium. La taille du filtre doit être suffisante pour que toute l'eau soit filtrée chaque heure : demandez conseil à votre spécialiste animalier.
Chauffage : la plupart des espèces vivent en aquarium non chauffé à une température de 18 à 22° C. Les précieux Queues-de-voile ont besoin de 22 à 24° C.
(Vous trouverez les conseils adaptés à chaque espèce p. 50 à 52.)
On trouve des appareils de chauffage dans les animaleries :
• thermoplongeurs avec thermostat incorporé qui régulent automatiquement la température de l'eau ;

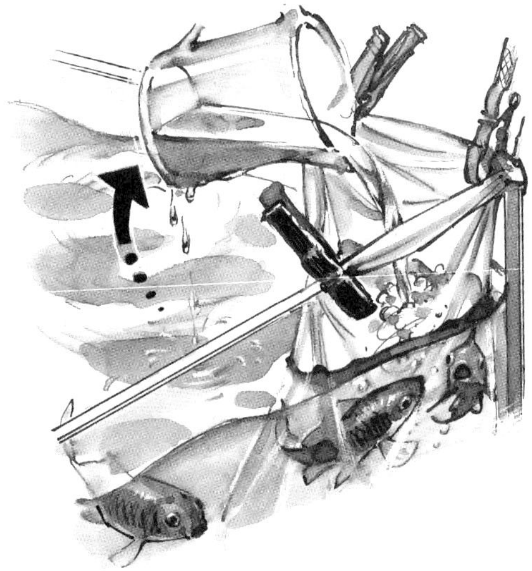

Installation : pour éviter à vos poissons rouges un choc quand vous les installez, pendez d'abord leur sac de transport dans l'aquarium. Vous le remplirez peu à peu avec l'eau de l'aquarium pour que les poissons s'habituent.

• câbles de bas voltage que l'on place dans le fond de l'aquarium ;
• thermofiltre, une pompe à filtrage continu avec une résistance incorporée.
Attention aux accidents électriques. Retirez toujours la prise avant de mettre la main dans l'eau. Faites installer un coupe-circuit automatique qui coupera l'alimentation électrique à la moindre défectuosité des appareillages ou des fils. Un thermomètre flottant vous indiquera la température.

Le fond

Il sera couvert de graviers variés :
• du gravillon de 1 à 3 mm, en granit rose. On n'en trouve pas toujours dans les animaleries, demandez chez les vendeurs de matériaux de construction. Rincez une fois à l'eau claire ;
• du gravier de 5 à 8 mm par dessus, que vous nettoierez à fond pour éviter que les poissons déclenchent des tornades boueuses.
***Conseil :** placez dans la baignoire un seau à demi rempli de gravier, plongez-y un tuyau d'arrosage et remuez le gravier sous l'eau courante jusqu'à ce que celle-ci sorte claire. Portez des gants de caoutchouc, vos ongles resteront nets.*
Autres couvre-sols : ils ne sont pas nécessaires. Seules les plantes aquatiques très gourmandes ont besoin de boulettes d'argile que vous trouverez en animalerie ou que vous pouvez fabriquer avec de l'argile à briques. Évitez la pouzzolane, trop rugueuse et aiguisée pour les poissons qui fouillent le sol. Pour la décoration, utilisez du gravier de rivière assorti au fond et des racines de pin des marais qui ne pourrissent pas et que vous laverez à grande eau avant de les introduire dans l'aquarium.

L'eau

Les poissons rouges n'ont pas d'exigences particulières quant à leur élixir de vie. L'eau du robinet leur convient, à condition que vous la laissiez reposer quand elle sort de la canalisation. Les poissons ne sont pas sensibles à la dureté de l'eau, mais les plantes le sont. Renseignez-vous auprès des services compétents, ou mesurez-la avec un réactif coloré – votre spécialiste vous conseillera.
Les poissons rouges ne se sentent pas bien quand l'eau est usée. Il faut en changer chaque jour environ 10 à 20 %. Si l'eau contient trop de déchets, les poissons sont plus sensibles aux infections *(voir p. 27)*. Quand vous changez complètement l'eau de l'aquarium, laissez-la reposer quelques jours avant d'y mettre les poissons.
Si vous ne voulez pas attendre, utilisez les produits du commerce qui rendent l'eau immédiatement utilisable.

Les plantes

C'est leur rideau de verdure foisonnante qui met en valeur la beauté des poissons rouges. Avant d'aller choisir vos plantes, pensez que :

• les poissons rouges cherchent sans cesse leur nourriture et vont s'attaquer à vos plantes : évitez les espèces fragiles et délicates ;
• les poissons rouges aiment une température qui ne convient pas à la plupart des plantes.

Toutes les plantes qui vous sont présentées ici conviennent parfaitement aux poissons rouges et vous les trouverez en animalerie. *(voir p. 14-15)*.

Conseils d'installation

• Couvrez d'abord le sol de pierres et de racines en plaçant les pierres les plus grosses sur un petit socle de polystyrène expansé pour éviter d'endommager la vitre.

Pour chercher leur nourriture, poissons rouges et Koïs enfoncent la tête dans le sol et fouillent pour trouver quelque chose à consommer.

• Mettez ensuite le gravier fin sur une épaisseur de 4 à 7 cm suivant la taille de votre aquarium et les plantes que vous utiliserez, puis ajoutez environ 2 cm de gravier plus gros bien rincé *(voir p. 12)*.
• Emplissez d'eau à moitié avant d'installer les plantes.
• Taillez les racines avant de les mettre dans des trous que vous aurez creusés dans le sol avec deux doigts, puis pressez doucement le sol autour de la plante. Le collet de la plante doit être visible.

Les meilleures plantes d'aquarium

Cabomba caroliniana
Cabomba
De toutes les espèces de Cabomba, c'est celle qui convient le mieux. Planter en groupes, raccourcir éventuellement les racines. Eau claire et propre, protéger des algues et de la pourriture. Sol fertile enrichi en fer. Éclairage : bon (1 Watt/l). Eau : 22 à 28° C, douce, peu calcaire. Multiplication : par boutures.

Ceratophyllum demersum
Cornifle
Croissance très rapide, à l'état libre dans l'eau ou planté en groupes clairs, doit être souvent raccourcie et replantée. Idéale pour l'aquarium. Éclairage : faible (0,3 W/l). Eau : 12 à 25° C. Multiplication : éclats de touffes.

Cryptocoryne affinis
Cryptocoryne
Les feuilles sont vert sombre en haut, rouge à la base. Planter en groupes en sol fertile enrichi en fer. Éclairage : fort à moyen. Eau : 21 à 28° C. Multiplication : par drageons.

Cryptocoryne usteriana (aponogetifolia)
Peut atteindre 1 m : réserver aux aquariums de grande taille. Planter isolé ou en groupe en sol fertile enrichi en fer. Éclairage : moyen à fort (0,5 à 1 W/l). Eau : 21 à 28° C. Multiplication : par drageons.

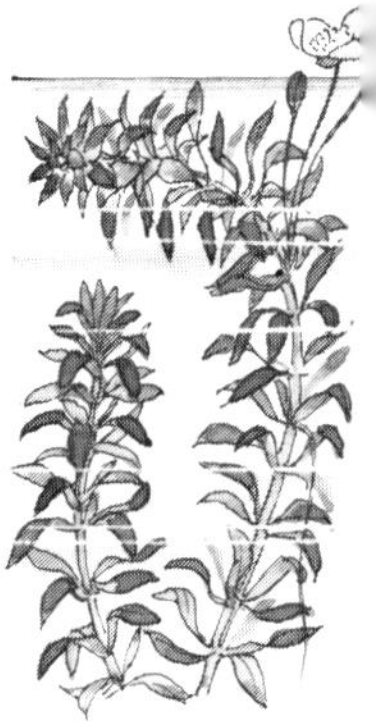

Egeria densa
Egeria
Très rustique, croissance rapide. Planter en groupe ou laisser pousser librement à la surface de l'eau. Bon producteur d'oxygène. Éclairage : intense, en rapport avec la température de l'eau. Eau : 15 à 25° C, calcaire, dure. Multiplication : par boutures.

Ludwigia mullertii (Ludwigia palustris x L. repens)
Isnardia
Très recommandée, bonne croissance. Feuilles vertes en haut, rougeâtres en bas. Planter en groupe. Sol enrichi en fer. Éclairage : moyen à fort (0,5 à 1 W/l, suivant la température). Eau : 15 à 25° C, douce, peu calcaire. Multiplication : par boutures.

Myriophyllum aquaticum
Plante de groupe au plumage léger. Craint la pourriture et les algues. Éclairage : moyen à fort (0,5 à 1 W / l). Eau : 18 à 30° C, moyennement dure. Multiplication : par boutures.

Myriophyllum hippuroides
Plante de groupe au plumage léger, les pousses et feuilles sont rougeâtres. Éclairage : intense (1 W / l). Eau : 18 à 25° C, moyennement dure. Multiplication : par boutures.

Nuphar luteum
Nénuphar jaune
Grande plante isolée, à réserver aux aquariums de grande taille. Ses feuilles nagent en surface. Sol fertile. Éclairage : intense (plus d'1 W / l), planter juste sous la lampe. Eau : 15 à 24° C. Multiplication : semis ou division des racines. Plante protégée, ne peut être obtenue que par culture.

Sagittaria subulata
f. pusilla

Petite plante gazonnante pour le fond. Environ 10 cm. Peu exigeante. Éclairage : moyen (0,3 à 0,5 W / l). Eau : 18 à 30° C, douce à dure. Multiplication : par drageons.

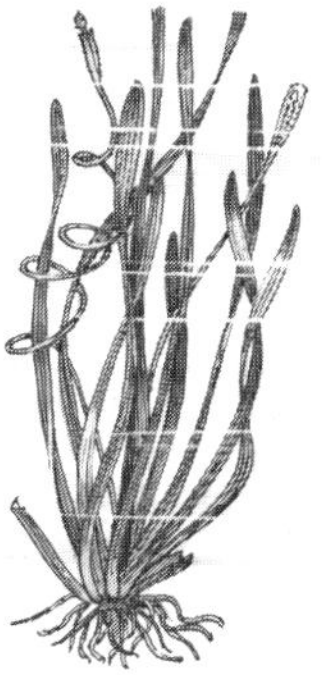

Vallisneria spiralis
Vallisnerie
Planter en groupe. Longues stipes, à réserver au fond ou aux côtés. Peu exigeante. Forme des buissons en peu de temps. Éclairage : moyen (0,5 W / l). Eau : 18 à 30° C, douce à dure. Multiplication : par drageons.

Vallisneria gigantea
Grande vallisnerie
Comme la précédente, mais plus vigoureuse, les feuilles peuvent atteindre 2 m : réserver aux aquariums d'au moins 50 cm de haut. Sol fertile, enrichi en fer. Éclairage : fort (0,5 à 1 W / l). Eau : 20 à 28° C, douce à dure.

Ne planter que peu d'espèces différentes, en groupes. Éviter les plantes isolées.

• Placer les plantes de haute taille au fond ou sur les côtés. Dans les grands aquariums, vous pouvez faire au milieu une île de grandes plantes entourées de couvre-sols de petite taille.

Entretien

Tous les jours : nourrir les poissons, de préférence deux à trois fois par jour, par petites quantités qui seront consommées rapidement. Vérifier que tous les poissons sont en bonne santé *(voir p. 27)*. Contrôler l'aquarium et les installations techniques. Vérifier la température, le filtre et l'éclairage.

Une fois par semaine : nettoyer les vitres avec un aimant à algues ou une lame de rasoir. Vérifier les plantes.

Tous les quinze jours : enlever les déchets, changer le tiers de l'eau. Placez un seau près de l'aquarium, plongez un tuyau dans l'eau, aspirez un peu à l'autre bout pour que le tuyau s'emplisse d'eau, plongez ce bout dans le seau. L'aquarium se vide. Déplacer lentement le bout du tuyau comme un aspirateur sur le fond de l'aquarium pour aspirer les déchets et l'eau. Compléter ensuite avec de l'eau à bonne température.

Tous les mois : nettoyer le filtre.

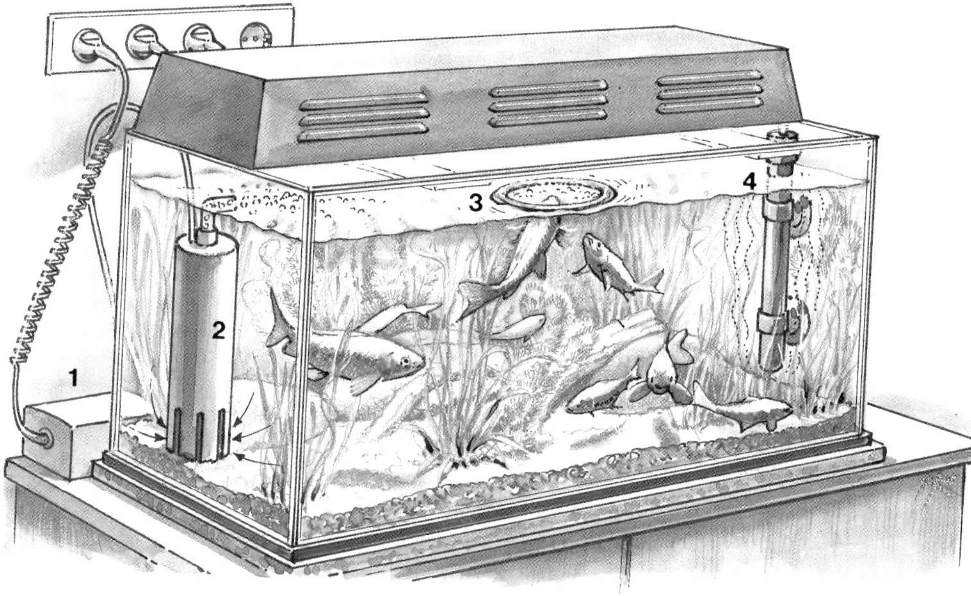

L'aquarium pour poissons rouges
Il vous faut au moins un aquarium de 200 litres qui mesure 100 x 40 x 50 cm. Il est équipé d'une rampe d'éclairage, d'un filtre biologique qui fonctionne avec une pompe à membrane et d'un chauffage à thermostat (1- pompe ; 2 - filtre biologique ; 3 - anneau flottant pour aliments ; 4- chauffage). Il est planté de Vallisneria spiralis, Myriophyllum aquaticum *et* Sagittaria subulata.

Un bassin pour poissons rouges et Koïs

Faire un plan
Pour installer un étang ou un bassin dans votre jardin, il vous faut faire des plans précis si vous voulez éviter des désillusions et un travail inutile. N'hésitez pas à consulter un ouvrage spécialisé.

Remarque : *poissons rouges et Koïs vivent en bancs, ne les mettez pas ensemble dans le même bassin. Les carpes, plus vigoureuses, risquent de devenir des concurrents dangereux pour les poissons rouges.*

Emplacement : le bassin doit recevoir 4 à 6 heures par jour les rayons du soleil et ne pas se trouver près d'arbres dont les feuilles, en tombant, risquent de polluer l'eau.
Taille : elle correspondra à la quantité et à la taille des poissons. Pour un bassin de petite taille avec installation de filtrage, on compte 5 litres par cm de poisson, c'est-à-dire qu'un poisson rouge de 10 cm a besoin de 50 litres d'eau. Pour les bassins de plus grande taille, qui n'ont pas besoin d'installation de filtrage (à partir de 10 m^2 de surface) on respecte les proportions suivantes : pour une profondeur moyenne de 50 cm, compter 0,05 m^2 de surface par cm de poisson. Dans un bassin de 15 m^2 vous pourrez élever 30 poissons rouges de 10 cm ou 10 Koïs de 30 cm. Ne comptez pas la partie marécageuse du bord de l'étang, qui ne fait que quelques cm de profondeur, mais seulement la partie profonde.

Profondeur : si vos poissons rouges doivent hiverner dans l'étang, il vous faudra une zone profonde d'au moins 1 m où la hauteur d'eau sera, dans les régions tempérées de 60 cm minimum, dans les régions au climat plus rude, de 80 cm. Pour les Koïs, cette zone doit atteindre 1,5 à 2 m de profondeur.

Un bassin en feuille de plastique
Peu coûteux, facile et rapide à faire soi-même. Vous trouverez les indications nécessaires dans tous les livres spécialisés.

Préparation : ajouter à la surface proprement dite un rivage d'environ 50 cm *(dessin p. 22)*. La profondeur de l'excavation correspond à celle du bassin augmentée de l'épaisseur du fond. Il vous faut donc :
• pour la partie profonde, 60 cm + 25 cm dans les régions tempérées, 80 cm + 25 cm dans les régions plus rudes ;
• pour la partie marécageuse, de 30 à 15 cm vers l'extérieur.
Une barrière plate entre l'eau et la partie marécageuse empêchera *(dessin p. 22)* le sol de s'affaisser. Les parois du bassin ne doivent pas avoir une pente supérieure à 45°, pour éviter les affaissements et les dégâts sur les bords par formation de glace. Bien nettoyer et aplanir le fond de l'excavation, les objets acérés pourraient percer le plastique. Recouvrir de 5 cm de sable.

Remarque : si vous élevez des carpes ornementales, le fond n'a pas besoin d'être aussi épais car vous devrez mettre les plantes en corbeilles. Dans le sol, les poissons les déracinent rapidement.

Installation de la feuille de plastique : n'utilisez que le plastique spécial pour bassins (en jardineries et animaleries) que l'on trouve en rouleaux de diverses largeurs et en épaisseurs de 0,8 à 1,2 mm. Calculez vos besoins sans oublier que la feuille doit dépasser de 30 cm sur le bord du bassin. Coller les lés avec le matériau approprié (suivre les indications). N'oubliez pas de laisser dépasser le plastique de 30 cm tout autour du bassin.
Écoulement : prévoyez une rigole plate qui débouche dans une fosse tapissée de graviers pour éviter les débordements quand il pleut.
Fond : utilisez du gravier de 0,5 à 3 cm que vous enrichirez, dans la partie marécageuse, d'un peu d'argile qui stocke les éléments nutritifs utiles aux plantes de marécage *(voir p. 23)*. Pas de terreau de jardin qui fait proliférer les algues. Commencez à remplir la zone profonde, puis les bords et bien répartir le sol. Il doit avoir 20 cm de profondeur pour que les plantes puissent s'y enraciner.
Rivage : placer le film plastique verticalement de façon qu'il apparaisse en surface, sinon vous aurez des ponts d'humidité qui vont faire aspirer le contenu du bassin par le terrain environnant. Cacher le plastique avec pierres, gravier et bois en laissant dépasser quelques cm. Dès la première année, tout va se tasser.
Plantations : commencez par la partie profonde, puis ajoutez lentement l'eau. Placez un bout du tuyau dans un seau pour éviter que le jet ne remue le fond. Installez les plantes de marais sur le rivage puis complétez le niveau de l'eau. Laissez reposer une quinzaine de jours avant de mettre les poissons.

Un bassin préfabriqué
On en trouve en polyester renforcé de fibre de verre, en un petit choix de dimensions.
Installation : creusez 15 cm de plus que la profondeur du bassin, nettoyez et aplanissez, puis couvrez de 10 cm de sable. Mettez en place le bassin en vérifiant son horizontalité au niveau à eau. Comblez lentement de sable l'espace entre le bassin et le sol et tassez. Emplissez en même temps le bassin à ras bord pour éviter que les parois ne se déforment. Prévoyez un tuyau pour l'écoulement, avec une grille ou un couvercle pour éviter qu'un poisson ne s'y prenne. Pour le reste, procédez comme pour le bassin en feuille plastique.

Les plantes d'étang
Elles poussent dans le bassin et tout autour et en sont un élément important *(voir p. 23-24)*. Le passage de la terre ferme à l'eau est marqué par des plantes de marais ne poussant qu'en sol humide. Choisissez les plantes en fonction de la taille du bassin. Celles de petite taille seront plantées en groupes espacés de 20 à 30 cm, celles de taille moyenne espacées de 30 à 40 cm. Les sujets de grande taille seront isolés. Prévoyez 5 à 10 plantes par m². Plantez les nénuphars toujours isolés *(voir p. 15)*. La plupart des plantes aquatiques se multiplient rapidement. C'est positif pour l'équilibre écologique du bassin, mais vous devrez les éclaircir régulièrement.

Groupe de poissons rouges à queue-de-voile

Installations techniques

Un bassin de plein air de taille suffisante et peu peuplé ne nécessite pas d'équipement *(voir p. 17)*. Vous aurez besoin d'appareillage pour les petits bassins surpeuplés qui sont vite pollués, ce qui rompt l'équilibre biologique. L'oxygène manquant, vos poissons sont en danger de mort. Pour vos appareils électriques (en animalerie), il vous faut absolument faire installer par l'électricien une prise bien isolée à proximité du bassin.
***Attention :** faites réaliser cette installation par un spécialiste. Si elle n'est pas faite selon les règles de sécurité, vous risquez un accident. Prévoyez absolument un coupe-circuit (voir p. 12).*
Filtres : branchés sur une pompe centrifuge, ils ont plusieurs fonctions. Faites sortir l'eau qui vient d'être filtrée sur des pierres ou à travers un rideau de bambous japonais, l'eau du bassin sera enrichie en oxygène et suffisamment renouvelée.
Pompe à air à membrane : comme dans l'aquarium, elle fournit en peu de temps de grandes quantités d'oxygène grâce à son ou ses deux tuyaux d'arrivée d'air branchés sur des diffuseurs.
Oxygénateur : cet appareil, facile à installer dans le bassin, est empli de peroxyde d'oxygène et libère de l'oxygène durant plusieurs semaines, y compris en hiver, sous la couche de glace *(voir p. 22)*.

Diverses espèces de poissons rouges : en haut, à gauche : poisson rouge commun ; à droite : Shubukin ; au milieu, à gauche : Queue-de-comète ; à droite : Écailles-perlées ; en bas à gauche : poisson-œuf ; à droite : Tête-de-lion hollandais (Kaliko).

Autres outils : un râteau pour enlever les plantes, algues et feuilles mortes ainsi qu'une épuisette pour attraper les poissons.

Entretien en été

Tous les jours : nourrissez les poissons, mais pas trop car ils trouvent dans le bassin de nombreuses petites proies, puces d'eau, larves de moustiques et autres insectes aquatiques. Donnez deux fois par jour juste assez de nourriture pour qu'elle soit consommée rapidement. Vérifiez l'état sanitaire. Des poissons en bonne santé se précipitent avec avidité vers la nourriture. Observez bien les poissons timides, paresseux ou qui n'ont pas d'appétit, ils sont peut-être malades *(voir p. 27)*. S'ils ont les nageoires collées, nagent en titubant, se frottent aux plantes ou aux cailloux, pensez à un parasite *(voir p. 27)*. S'ils se tiennent près de la surface et pipent l'air, ils manquent d'oxygène (à leur fournir très rapidement).
***Remarque :** l'appétit dépend aussi de la température de l'eau. En dessous de 10° C, ne donnez plus à manger.*
De temps en temps : surtout en été, éclaircissez les plantes qui prolifèrent.
Changement de l'eau : le plus rarement possible. Pour les bassins de petite taille, pas plus de 30 % par mois. Pour les bassins plus grands *(voir p. 17)*, l'eau de pluie suffit. Quand il fait sec, rajoutez de l'eau.

L'hivernage

Les plantes : en automne, ramassez les plantes flottantes (lentilles d'eau, feuilles de nénuphar).
Raccourcissez les tiges de *Elodea canadensis*, cornifle et pesse qui ont poussé pendant l'été. Ramassez soigneusement les feuilles mortes

tombées sur le bassin (pour faire le compost). Si vous omettez ce travail, votre bassin risque de manquer d'oxygène quand il gèlera en hiver, et vos poissons seront asphyxiés. L'oxygénateur est ici le bienvenu *(voir p. 21)*.
Les poissons : si le bassin n'est pas assez profond *(voir p.17)*, il vous faut retirer les poissons à l'automne pour les faire hiverner. Les poissons rouges iront dans l'aquarium. Si vous le maintenez frais et les nourrissez peu, 5 litres d'eau par petit poisson, 15 litres par poisson plus gros suffiront *(voir p. 46)*. Les Koïs passent l'hiver en baignoire de plastique avec une pompe à membrane et un filtre électrique *(voir p. 51)*.

Le problème des algues
On trouve des algues dans tous les étangs sains. C'est normal tant qu'elles ne prolifèrent pas.
La prolifération se produit quand le sol est trop fertile ou que l'on donne trop de nourriture aux poissons.
Entretien : enlevez au râteau la couche d'algues. Donnez peu de nourriture. Ne changez pas l'eau trop souvent, cela ne fait qu'activer la croissance des algues.
Des plantes aquatiques à croissance rapide (*Elodea* et cornifle) devraient rétablir l'équilibre (éclaircissez au besoin).
Remarque : *l'effet des anti-algues chimiques est de courte durée. Évitez-les.*

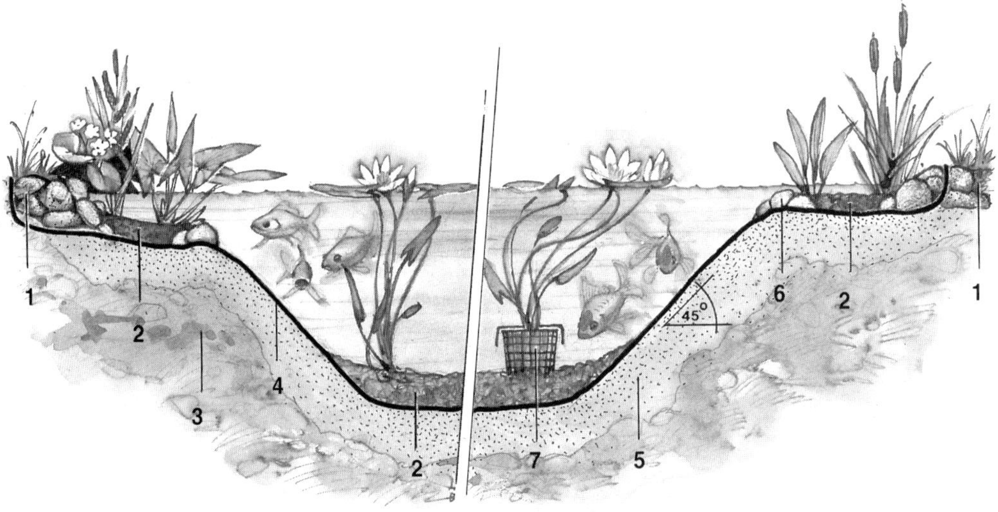

Zone marécageuse / eaux profondes
1 - Couche humifère (herbes)
2 - Couche de fond
3 - Fond d'origine
4 - Feuillet de plastique
5 - Couche de sable
6 - Barrière de cailloux
7 - Corbeille pour plantes

Bassin à poissons rouges et Koïs
Dans le bassin à poissons rouges (à gauche) la zone marécageuse descend en pente douce et les plantes poussent directement dans le fond du bassin.
Dans le bassin à Koïs (à droite) les plantes poussent dans des corbeilles pour éviter que les poissons ne les déterrent.

Plantes de marécage pour le rivage

Alisma plantago aquatica
Plantain d'eau
Feuilles de forme élipsoïdale disposées en rosette au bout de tiges de 20 à 50 cm. Pour zones humides ou inondées. Planter en groupes de 3 à 9 sujets au milieu de plantes plus basses. Sol fertile. Multiplication : se ressème toute seule.

Caltha palustris
Populage des marais
Plante marécageuse à planter sur la rive humide. Fleurs jaunes au printemps, mais les feuilles tombent tôt en saison, plantez-la à proximité de voisins à croissance rapide. Multiplication : division de touffes ou semis.

Sagittaria sagittifolia
Fléchière
Feuilles longues et étroites sous l'eau, lancéolées en plein air. Peut atteindre 1 m. La tige porte des fleurs de 2 à 4 cm. Sol fertile, pousse sur des fonds de 40 cm. Multiplication : semis.

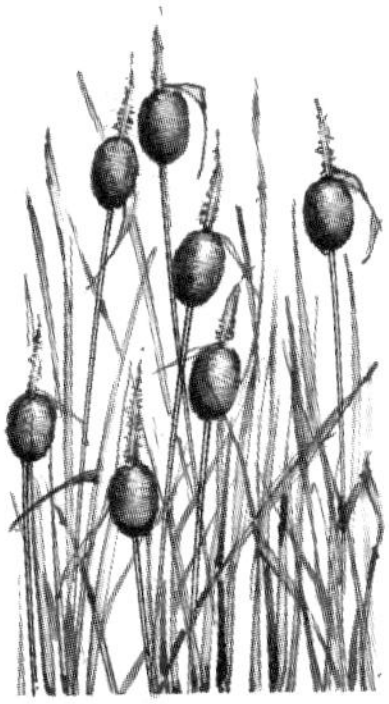

Typha minima
Petite quenouille
Épis de 50 cm, feuilles étroites (1 à 4 mm) gris-vert. Les épis femelles sont ronds et ellipsoïdaux, les épis mâles sont cylindriques. Convient aux petits bassins peu profonds.Multiplication : division de touffes et semis.

Pontederia cordata
0,60 à 1 m, feuilles en forme de cœur. Superbes tiges florales portant des inflorescences violettes. Sol marécageux ou fond de 30 cm. Protéger en hiver avec des feuilles si elle pousse en dehors de l'eau. Sol fertile. Multiplication : division de touffes ou semis.

Lysimachia nummularia
Herbe aux écus
Tiges rampantes de 50 cm portant des feuilles rondes. Plante couvrante pour les sols humides et marécageux ou les eaux peu profondes. Multiplication : division des tiges.

Plantes pour les zones d'eaux profondes

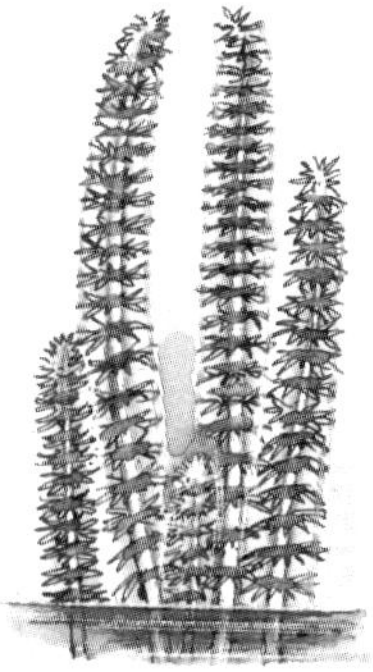

Hippuris vulgaris
Pesse
Plante délicate de croissance vigoureuse quelle que soit la profondeur (jusqu'à 1 m). Préférez les fonds de 20 à 50 cm. Feuilles de 50 cm, en hélices horizontales. Pousse au-dessus de l'eau. Multiplication : drageons.

Nymphoïdes peltata
Plante banane
Forme de long rhizomes flottants. Feuilles rondes flottantes de 10 cm de diamètre, au bord un peu ondulé. Fleurs jaunelumineux. Pousse en tous fonds à partir de 30 cm.Multiplication : division de touffes ou semis.

Elodea canadensis
Plante à croissance extrêmement rapide. Longues tiges ramifiées portant de petites feuilles de 4 cm. Éclaircissez fréquemment. Multiplication : division des tiges.

Striatotes aloides
Feuilles dentées formant une rosette épaisse en forme d'entonnoir. Pousse en eau profonde, seules les feuilles atteignent la surface. Multiplication : drageons bourgeonnants.

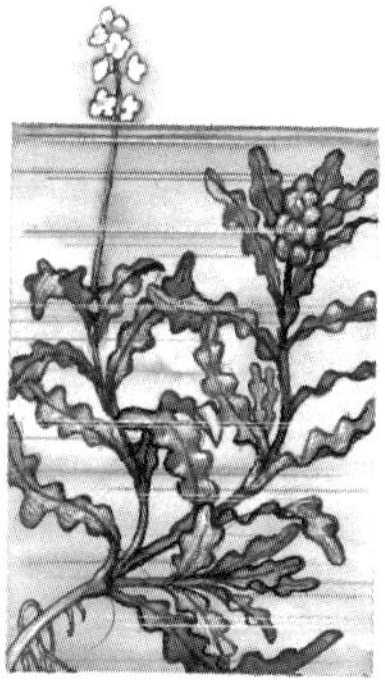

Potamogeton crispus
Potamot frisé
Plante subaquatique dont les tiges peuvent atteindre 150 cm. Feuilles ondulées de 9 cm. Croissance importante. Des bourgeons hivernaux apparaissent à l'automne et pendent vers le sol. Préfère les fonds de 50 à 60 cm. Multiplication : division de touffes ou bourgeons hivernaux.

Trapa natans
Châtaigne d'eau
Plante flottante aux longues tiges et racines ramifiées. La tige ancre la plante dans le sol dans des fonds ne dépassant pas 50 cm. En automne, les fruits tombent au sol. Plante annuelle.Multiplication : se ressème toute seule.

Bien nourrir ses poissons

Aliments secs
Il est facile, de nos jours, de fournir aux poissons les éléments dont ils ont besoin. Les aliments tout prêts que l'on trouve en animalerie sont bien équilibrés. Ils sont présentés sous forme sèche pour une meilleure conservation.

Pour l'aquarium : en flocons, bâtonnets ou boulettes. Les flocons flottent à la surface et tombent assez lentement pour que les poissons les happent au passage. Même quand ils ont atteint le sol ils sont consommés : poissons rouges et carpes aiment fouiller la terre.

Pour le bassin : une fois au fond, les aliments échappent au contrôle, ils pourrissent facilement et risquent de polluer l'eau. Procurez-vous des aliments spéciaux pour bassin qui flottent longtemps en surface. Les poissons les mangent à mesure qu'ils ramollissent.
Pour que les aliments ne couvrent pas toute la surface, placez-les sur un anneau flottant *(dessin p. 26)*. Vous pouvez aussi fabriquer un petit cadre en bois. Vous pourrez ainsi contrôler ce qu'ils mangent.

Stockage : au frais et au sec.
Les aliments humides moisissent et sont bons à jeter.
L'oxygène de l'air modifie leur composition et les appauvrit.
N'achetez que ce qui pourra être consommé au maximum dans le semestre. Respectez la date de péremption.

Remarque : *les aliments tout prêts sont certes équilibrés mais trop pauvres en éléments de lest.*
Dans un étang de grande taille, cela n'a guère d'importance puisque vos poissons trouvent de petits animaux – puces d'eau ou larves d'insectes – et les algues qui poussent sur les pierres, les racines et les plantes. Dans les bassins plus petits et en aquarium, vous devez ajouter des animaux vifs ou congelés.

Aliments vifs
C'est ce que vous pouvez donner de mieux à vos poissons. Mais ils sont de plus en plus difficiles à trouver, surtout si on veut éviter d'introduire des germes de maladie dans le bassin ou l'aquarium.
Si vous connaissez une mare sans poissons, allez y chercher des puces d'eau (daphnies), cyclops ou larves d'insectes.
Les larves noires de moustiques que l'on trouve au printemps sont une nourriture de choix pour les poissons qui en sont très friands ainsi que des larves transparentes de mouches, que l'on appelle « bâtons de verre ».
Transportez ces organismes sur un cadre de gaze humide que vous fabriquerez vous-même.
Dans un seau, ils ne survivraient pas par manque d'oxygène.
On trouve aussi des puces d'eau et des larves d'insectes dans les animaleries, ainsi que des vers de vase (tubifex) qui complètent harmonieusement l'alimentation.

Pour que vos poissons soient en bonne santé, bien colorés et heureux, donnez-leur une nourriture riche. Les poissons mal nourris attrapent facilement des maladies. Si vous voulez qu'ils se reproduisent, il leur faut une nourriture saine et variée *(« Élevage des poissons rouges », voir p. 40).*

Aliments congelés
Ils remplacent avantageusement les aliments frais. On les trouve en animalerie. Ils ne risquent pas de propager de maladie contagieuse.

L'alimentation : si vous placez les aliments sur un anneau, ils ne se répandront pas sur toute la surface et vous pourrez contrôler la consommation.

On vous propose par exemple des puces d'eau, des larves de moustiques rouges ou noires, des gamarres et du plancton animal de l'Antarctique. Les larves rouges de moustique et le plancton animal contiennent des carotinoïdes, utiles à la coloration des poissons rouges. Les animaux sont un élément de lest appréciable qui favorisent la digestion des poissons.

Décongélation : on place le paquet entier dans son emballage dans un récipient d'eau froide, après quoi on passe le contenu du récipient au tamis, ou bien on dépose des morceaux de plaquette dans un filtre à café que l'on place sous l'eau courante jusqu'à décongélation. Pas d'eau chaude, vous ne recueilleriez que de la bouillie.
Stockage : facile au congélateur, mais pas plus de trois mois.

Aliments végétaux
Poissons rouges et Koïs apprécient aussi les végétaux. Ils trouvent des algues dans le bassin, mais pasdans l'aquarium.
Proposez-leur de la laitue que vous aurez soigneusement lavée pour ôter toute trace de nitrates, ou choisissez des laitues de culture biologique.
Les épinards, frais ou surgelés, conviennent aussi. Vous faites de temps en temps un petit paquet de feuilles que vous liez, avec le fil qui sert en animalerie à attacher les plantes aquatiques, et vous le posez sur le fond. Les poissons viendront brouter les feuilles qui ramollissent rapidement.
Répandez des flocons d'avoine à la surface de l'eau, c'est aussi un bon aliment végétal pour vos poissons rouges.

Santé et maladies

Mieux vaut prévenir que guérir
Avec une nourriture variée, et si vous veillez à ce qu'ils ne grossissent ni ne maigrissent, vos poissons résisteront mieux aux maladies. C'est important car le milieu aquatique facilite la transmission des maladies.

Une eau saine
Aquarium : changez l'eau régulièrement, ne tardez pas à nettoyer le filtre.
Bassin de jardin : enlevez sans retard les feuilles mortes des plantes aquatiques et de marécage ainsi que les feuilles tombées, sinon les liaisons azotées ammonium, nitrite et nitrate vont s'accumuler au point que les poissons seront affaiblis pour longtemps. On sait que les poissons tombent plus souvent malades dans un bouillon de culture qu'en eau claire.
Quarantaine : si le germe d'une maladie pénètre dans un aquarium ou un bassin, il va se développer très vite. Quand vous introduisez de nouveaux poissons, respectez donc absolument la quarantaine *(voir p. 8)*.
Avec les poissons de bassin en particulier, on n'est jamais trop prudent : un bassin bien planté est impossible à désinfecter et de nombreux germes vivent très longtemps.

Remarque : *il peut arriver que vos poissons tombent malade, du fait de votre négligence ou de circonstances extérieures. Vous trouverez ci-dessous les maladies les plus fréquentes. Si des poissons meurent dans l'aquarium ou le bassin sans que vous ayez trouvé les symptômes d'une maladie, vérifiez l'eau.*

Maladies parasitaires

La maladie des points blancs :
Cause : un infusoire unicellulaire, *Ichthyophtirius multifiliis*, pénètre sous la peau et l'endommage. Maladie très contagieuse en bassin ou aquarium.
Symptômes : petits points blancs de 0,2 à 1 mm sur les nageoires, la queue et la peau. Ce sont les parasites qui ont atteint leur plein développement sous la peau du poisson. Ils tombent en quelques jours et se divisent au sol chacun en 1000 cellules-filles qui vont chercher un nouvel hôte dans les 2 jours. Cette énorme prolifération fait que la maladie atteint rapidement un stade critique. Les poissons raclent le sol pour se débarrasser des parasites, ensuite ils restent fixés en surface à piper l'air. Au stade terminal, ils gisent au fond.
Traitement : très simple. Sous la peau, le parasite est inattaquable : on se débarrasse des rejetons. Vous trouverez en animalerie diverses préparations qui servent aussi à combattre d'autres parasites. À la fin du traitement, changez environ le tiers de l'eau en aspirant le fond soigneusement. Renouvelez le traitement 15 jours plus tard.

Chilodonella cyprini
Cause : la maladie apparaît quand la température est trop basse, c'est-à-dire souvent dans les bassins et aquariums non chauffés, et tout particulièrement quand l'eau est polluée.
Symptômes : les poissons atteints montrent d'abord des signes d'étouffement, ils restent à la surface

Poissons rouges et carpes d'ornement sont très robustes et risquent peu d'attraper des maladies si vous les soignez bien. Voici cependant quelques conseils, en cas d'urgence. Ils sont d'autant plus utiles que vous ne trouverez guère de vétérinaire qui s'y connaisse en poissons rouges. Les spécialistes animaliers, qui ont une longue expérience, seront de bon conseil.

à piper l'air ou, au contraire, sur le fond. Puis apparaît un dépôt blanc, consécutif à des sécrétions muqueuses, sur la peau qui part en lambeaux.
Traitement : le parasite ne s'enfonce pas sous la peau, il est donc facile à traiter avec les médicaments indiqués plus haut *(maladie des points blancs, voir p. 27)* sans attendre qu'il quitte son poisson-hôte. À la fin du traitement, changez une partie de l'eau. Une bonne hygiène est la meilleure prévention de cette maladie.

Costia necatrix
Cause : une algue unicellulaire qui attaque en même temps peau et système respiratoire. Fréquente chez les poissons rouges et Koïs, surtout au printemps et en automne ou après un changement de milieu.
Symptômes : les mêmes que pour Chilodonella cyprini. Difficultés respiratoires, il racle le fond ou y reste apathique. Léger dépôt bleuâtre sur la peau.
Traitement : comme précédemment. Utilisez un produit à large spectre contre les parasites d'aquarium. Ce parasite est très sensible, la maladie est donc facile à traiter si l'on n'attend pas trop longtemps.

Maladies dues aux champignons et aux bactéries

Hydropisie aiguë
Cause : des bactéries des espèces *Pseudomonas* et *Aeromonas*, le plus souvent lorsque l'entretien est insuffisant. Les maladies bactériennes apparaissent particulièrement après l'hivernage, un transport prolongé ou par manque d'entretien. Les organes internes sont atteints, le haut du corps s'emplit d'eau et la peau est abîmée.
Symptômes : les poissons sont déformés, les écailles hérissées, comme un oiseau ébouriffé.
Traitement : difficile. Si un seul poisson est atteint, mieux vaut le sortir de l'aquarium et le tuer *(voir p. 31)*. Prenez bien soin des autres poissons et veillez à bien entretenir le bassin ou l'aquarium. Les germes de l'hydropisie sont normalement

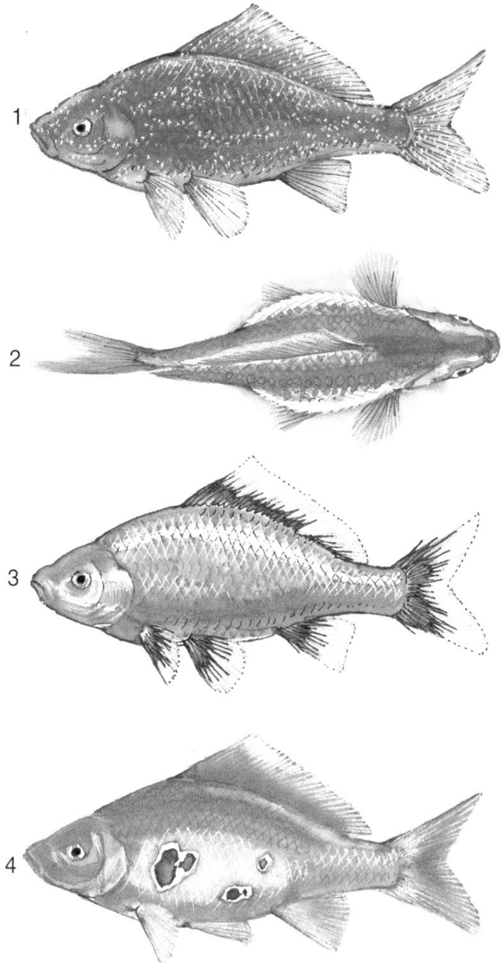

Maladies du poisson
1 - Fonte bactérienne des nageoires
2 - Hydropisie aiguë : les écailles se hérissent, le corps est enflé.
3 - Maladie des points blancs : provoquée par des parasites qui pénètrent sous la peau.
4 - « Maladie du poisson rouge », hydropisie chronique, essentiellement chez le poisson rouge.

dans l'eau mais ils ne s'attaquent vraiment qu'aux poissons affaiblis. Les autres sont suffisamment résistants. Si la maladie se propage, traitez aux antibiotiques. Respectez bien le dosage car les germes deviennent facilement résistants. Utilisez du Chloramphénicol dosé à 2 g pour 100 litres d'eau, de la Téramycine à raison de 3 ou 4 g pour 100 litres et du sulfate de Néomycine dosé à 4 ou 5 g pour 100 litres en cures de trois jours. Puis renouvelez le 1/3 de l'eau. Les quantités indiquées concernent le produit actif pur.

Hydropisie chronique

Cause : comme pour l'hydropisie aiguë. On l'appelle « maladie des poissons rouges » car elle apparaît au printemps chez ces animaux.

Symptômes : comportement nettement apathique. Les poissons restent au fond ou stagnent juste sous la surface, ils ne mangent pas, leurs nageoires sont collées et ils nagent de façon incohérente. Des taches pâles ou rouges apparaissent sur la peau ainsi que des abcès cerclés de sombre qui saignent. Par la suite, les nageoires fondent et les poissons attrapent des infections à cause d'une moisissure qui pénètre par les blessures de la peau *(voir p. 30)*.

Traitement : en augmentant la température de l'eau (20° C) on évitera peut-être la propagation de la maladie aux poissons sains. Les poissons guérissent parfois sans traitement. Mais ils meurent le plus souvent si l'on n'utilise pas l'un des antibiotiques mentionnés. Le Bactrim, utilisé pour les humains, a aussi fait ses preuves dosé à 4 comprimés pour 100 litres d'eau. Mais ce médicament, très cher, n'est délivré que sur ordonnance.

Fonte bactérienne des nageoires

Cause : souvent à la suite d'une blessure mécanique des nageoires pendant la capture ou le transport.

Symptômes : la fonte des nageoires commence au bord et se poursuit jusqu'à la base en provoquant des inflammations.

Traitement : les préparations que l'on trouve en animalerie suffisent souvent. Si les symptômes persistent, utilisez du sulfate de Néomycine ou du Bactrim.

Tuberculose des poissons

Cause : une bactérie de l'espèce *Mycobacterium* que l'on trouve en permanence dans l'eau. La maladie apparaît chez les poissons mal tenus.

Symptômes : amaigrissement, perte d'entrain et d'appétit, nageoires collées, nage incohérente, coloration foncée, formation d'abcès.

Traitement : la guérison est rare et le danger de propagation très grand. Il vaut donc mieux tuer les poissons atteints *(voir p. 31)*. La meilleure prévention est de maintenir l'eau propre, de bien nourrir les poissons et d'éviter le surpeuplement.

Mousse

Cause : Saprologenia spec., parasite fréquent chez les poissons rouges affaiblis dont les tissus ont été abîmés par des parasites ou des germes.

Symptômes : épais dépôts duveteux sur la peau.

Traitement : soigner la maladie originelle. Préventivement, utilisez des médicaments empêchant les bactéries de pénétrer sous la peau et que l'on trouve en animalerie. Si c'est insuffisant, utilisez un antibiotique (Chloramphenicol, sulfate de Néomycine et autres – dosage : hydropisie aiguë, *voir p. 29*).

Crustacés parasites et vers

1 2 3

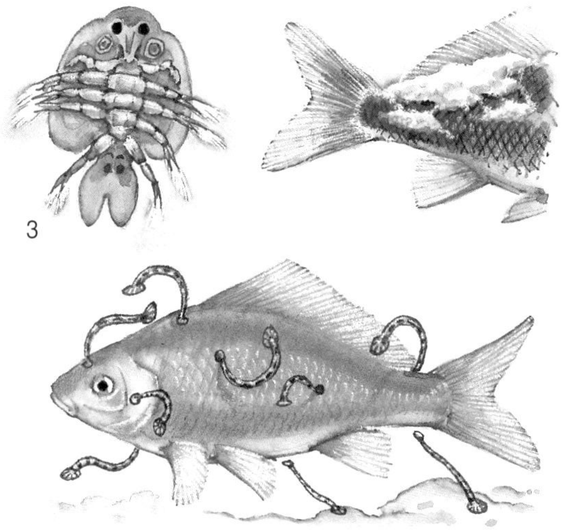

1 Pou de la carpe, 2 Mousse, 3 Sangsues des poissons.

Pou de la carpe (Argulus sp.)

Cause : crustacé parasite de 5 mm, aplati, qui possède deux yeux pigmentés. Il s'accroche par deux trompes à son hôte et il lui perce la peau avec un aiguillon dont le poison provoque douleur, inflammation et gonflement.

Le pou de la carpe aspire le sang des poissons et provoque des irritations de la peau qui ouvrent la voie aux infections.

Symptômes : les poissons atteints sont agités, nagent à toute vitesse et cherchent en se frottant à se débarrasser de leur tortionnaire.

Traitement : si peu de poissons sont atteints, on peut ôter les poux à la pince à épiler, sinon, utilisez du Masotène® (sur ordonnance) à raison de 0,4 à 0,8 mg/l. Renouvelez le traitement 15 jours plus tard.

Lernea

Cause : ce crustacé ravageur a l'aspect d'un bâtonnet brun ou blanc d'environ 1 cm dont la tête s'ancre par un crochet dans la peau du poisson. Seules les femelles s'accrochent. On les reconnaît à leurs œufs qui flottent librement à l'autre extrémité.

Symptômes : les poissons atteints de lernea sont craintifs, inquiets et raclent le fond. Si le parasite est peu nombreux, il est supportable ; mais si l'attaque est importante, les poissons maigrissent.

Les blessures causées à la peau et aux muscles sont souvent la source d'infections secondaires.

Traitement : Masotène® *(voir pou de la carpe).*

Vers des branchies (Dactylogyridae)

Cause : ces parasites attaquent les branchies et provoquent d'abondantes sécrétions muqueuses, d'où des difficultés respiratoires.

Symptômes : les poissons restent en surface, les ouïes béantes, à piper l'air. Ils sont sans entrain, sans appétit, maigrissent. Ils présentent souvent une coloration sombre et raclent le fond. Si les nageoires tremblent, c'est souvent le signe d'une attaque de ces vers. Parfois les nageoires s'effilochent et des infections secondaires se propagent.

Traitement : Masotène® *(voir pou de la carpe).* De nombreux vers de branchies y sont déjà résistants, ce qui rend la guérison difficile. On utilise alors du Flubenol à 5 % (sur ordonnance) à raison de 200 mg pour 100 litres d'eau (après qu'il soit dilué dans 5 à 10 ml de sulfoxyde de Diméthyl) en cure d'un à deux jours. Renouvelez ensuite la moitié de l'eau.

Sangsue des poissons (Piscicola geometra)

Cause : elles sont introduites par hasard dans l'aquarium ou le bassin et se reproduisent dans certaines conditions. Elles s'accrochent au poisson par deux trompes et lui sucent le sang. Les poissons sont affaiblis et plus sensibles aux infections.

Symptômes : elles mesurent 2 à 4 cm, on les voit sur le corps ; les poissons atteints sont agités et se frottent pour se débarrasser des parasites.

Traitement : si l'attaque est modeste, enlevez les animaux à la main, sinon, Masotène® *(voir pou de la carpe).*

Augmentation de la teneur en nitrate

En aquarium et en bassin surpeuplés ou mal entretenus, ou bien si vous fournissez une alimentation irrégulière, le taux de nitrates peut augmenter très vite. Le nitrate est la forme ultime de la décomposition des protéines dans l'eau, y compris celle de l'aquarium ; il est relativement inoffensif pour les poissons, qui le supportent jusqu'à une concentration de 100 mg par litre.

En bassin, la seule prévention est de bien entretenir les plantes. Taillez régulièrement celles qui prolifèrent et ne laissez pas les chutes dans l'eau, elles libèrent des nitrates en pourrissant.

En aquarium, il faut changer l'eau régulièrement. Si, par négligence, vous laissez le taux de nitrate dépasser les valeurs ci-dessus, vos poissons vont devenir apathiques et sensibles à toutes sortes d'infections. 500 mg de nitrate par litre d'eau est le seuil fatal : les poissons gisent au fond et meurent rapidement.

Il suffit d'un entretien régulier pour éviter cela, mais on voit encore trop d'empoisonnements aigus par le nitrate. Contrôlez l'eau régulièrement avec les réactifs que vous trouvez en animalerie.

Où demander conseil ?

Les maladies que nous venons d'énumérer sont les plus fréquentes, et de nombreuses autres se guérissent avec les mêmes médicaments. Mais si vous êtes dans l'embarras, demandez conseil à votre spécialiste animalier, à une consultation vétérinaire où, si vous ne trouvez pas de spécialiste des poissons, on vous indiquera l'adresse d'une consultation spécialisée.

Comment tuer un poisson ?

La meilleure façon de tuer un poisson atteint d'une maladie incurable est de lui trancher la gorge. Tenez le poisson fermement et tranchez vivement la colonne vertébrale juste en arrière de la tête, avec un couteau bien aiguisé pour les poissons les plus gros, avec des ciseaux pour les plus petits. Cela vaut mieux que de laisser l'animal souffrir longtemps ou d'infecter toute la population de l'aquarium ou du bassin. Si c'est trop dur pour vous, demandez à un autre aquariophile ou à votre spécialiste animalier de le faire à votre place.

Maladies des poissons rouges et des Koïs

Symptômes	*Cause*	*Traitement*
Les poissons restent en surface à piper l'air	a) Manque d'oxygène b) Branchies attaquées par l'infection, maladie des points blancs, Chilodonella, Costia necatrix	a) Aérer l'eau, la mettre en mouvement avec une pompe, ajouter H_2O_2 dans l'eau, changer l'eau b) Traitement médicamenteux
Les poissons sont apathiques, restent au fond ou en surface, manquent d'appétit	a) Eau est trop froide (pour les Queues-de-voile) b) Trop de nitrates dans l'eau c) Infections, maladie des points blancs, Chilodonella, Costia necatrix, tuberculose, hydropisie chronique	a) Augmenter lentement la température de l'eau b) Changer l'eau c) Traitement médicamenteux
Peau colorée en sombre, nage incohérente, amaigrissement	a) Tuberculose b) Autres infections : pou de la carpe, sangsues	a) Pas de traitement, tuer les poissons atteints b) Traitement médicamenteux
Les poissons sont agités, se frottent aux pierres,racines, plantes, etc.	a) Infections, maladie des points blancs b) Crustacés et vers parasites, vers des branchies, pou de la carpe, Lernaea, sangsues c) Peut-être irritation mécanique	a) Traitement médicamenteux b) Traitement médicamenteux c) Contre les infections secondaires, ajouter du bleu de méthylène ou un autre désinfectant et antiparasitaire dans l'eau
Léger voile blanc sur la peau (peut être suivi de taches rouges ou bleues)	Costia necatrix	Nombreux médicaments en animalerie. Essayez le vert de malachite en bassin
Voile blanc épais suivi de desquamation	Chilodonella cyprini	Nombreux médicaments en animalerie. Essayez le vert de malachite en bassin

Petits points blancs comme des grains de semoule sur le corps, les nageoires et la queue	Maladie des points blancs *(Ichtyophtirius multifiliis)*	Nombreux médicaments en animalerie.
Le corps est gonflé, les écailles hérissées	Hydropisie aiguë	Chloramphenicol (2 g/100 l) ; Terramycine (3-4 g/100 l) ; sulfate de Néomycine (4-5 g/100 l)
Le corps est couvert de taches rouges et d'abcès rouges cerclés de sombre	Hydropisie chronique (maladie du poisson rouge)	Chloramphenicol (2 g/100 l) ; Terramycine (3-4 g / 100 l) ; sulfate de Néomycine (4-5 g/100 l)
Le tissu des nageoires meurt, fonte des nageoires	a) Fonte bactérienne des nageoires b) Blessure mécanique surinfectée	Traitement médicamenteux (en animalerie)
Dépôt duveteux sur nageoires et peau	Mousse	Traitement médicamenteux (en animalerie)
Épais dépôt muqueux sur la peau	Vers des branchies	Masotène ®
Petites taches rouges et abcès de la taille d'une tête d'épingle. Petits parasites aplatis (5 mm) incrustés sur la peau	Pou de la carpe (Argulus)	Les ôter un à un à la pince à épiler. En cas d'attaque sérieuse, Masotène ®
Petits bâtonnets blancs pouvan atteindre 1 mm incrustés dans la peau. L'extrémité libre porte deux sacs d'œufs	Lernea	Masotène ®
Vers bruns de 2 à 4 cm de long s'accrochant par leurs ventouses	Sangsue du poisson *(Piscicola geometra)*	Ôtez-les un à un à la pince à épiler. En cas d'attaque sérieuse, Masotène ®

Connaître les poissons

Les poissons sont des vertébrés qui vivent dans l'eau et dont le corps est ordinairement couvert d'écailles. Ils possèdent des nageoires et de nombreux autres caractères distinctifs. Leur milieu de vie, l'eau, nécessite un

C'est à partir du cyprin doré qui revêtait régulièrement des formes colorées en jaune ou orangé que l'on a créé le poisson rouge.

certain nombre d'adaptations qui sont valables aussi bien pour le poisson rouge que pour le Koï.

Température du corps et du milieu
Les poissons sont des animaux à sang froid, c'est-à-dire que la température de leur corps est la même que celle du milieu où ils vivent. Ils ne peuvent pas réguler leur température intérieure comme les mammifères. Cela leur épargne des dépenses énergétiques, mais par ailleurs, ils sont en général très adaptés à la température de leur milieu naturel et ne peuvent pas s'acclimater facilement à d'autres régions. Poissons rouges et Koïs sont parmi les rares espèces qui s'adaptent également à l'eau froide ou chaude. Ils supportent des températures entre 1° et 37° C, leur préférence allant aux eaux entre 16° et 27° C.

Morphologie
Tous les poissons ont une morphologie aérodynamique qui leur permet de se mouvoir en milieu aquatique, qui est dense. La tête est relativement pointue et le corps allongé, aplati sur les côtés, donc plus haut que large, ce qui diminue la résistance. Poissons rouges et Koïs, domestiqués depuis des siècles, n'ont plus besoin de se déplacer rapidement. La morphologie parfois bizarre des poissons rouges est même assez inadaptée à la vie dans la nature car elle offre une grande résistance à l'eau et limite la mobilité des poissons. Mais ce n'est pas gênant pour des animaux domestiques.

Les nageoires
Ce sont les organes de la motilité. Nageoires ventrales et pelviennes vont par deux, la dorsale, l'anale et la caudale sont isolées. Toutes sont soutenues par des arêtes souples, les rayons. La nageoire caudale sert principalement à avancer, les autres permettent au poisson de se diriger. Chez le poisson rouge, après des siècles d'élevage, on trouve les formes de nageoires les plus variées. Il en existe en forme de voile, des nageoires dorsale et caudale d'une finesse extraordinaire, tandis que certaines espèces en sont au contraire totalement dépourvues. La nageoire caudale peut être double, triple ou

même quadruple. Les poissons sont bien sûr moins mobiles, mais comme ils sont domestiqués, cela ne les met pas en danger.

La peau

Elle est adaptée à la vie aquatique. Pour diminuer la résistance de frottement, elle produit un mucus abondant qui rend les poissons glissants et empêche la pénétration des germes de maladie. Les écailles sont incrustées dans la peau, comme de petits boucliers osseux, et se recouvrent comme les tuiles d'un toit. Elles donnent à la peau sa fermeté et constituent une protection efficace contre les blessures. Chez de nombreuses espèces, comme le Tête-de-buffle, la couche superficielle de la peau s'épaissit et se plisse abondamment.

La coloration

C'est la peau et la couche supérieure du derme qui portent la coloration du poisson rouge ou de la carpe.
Les pigments sont stockés dans des cellules particulières. Il y a des cellules à pigments noir, jaune ou brun-rouge, et des cellules à guanine blanc argenté qui donne aux poissons rouges leur éclat argenté. Les poissons qui viennent de naître sont comme les carpes ordinaires brun uniforme et ce n'est qu'à deux ou trois mois qu'ils prennent leur coloration caractéristique. Si vous les éleviez dans l'obscurité, la couleur dorée disparaîtrait en quelques mois.

La vessie natatoire

Si les poissons flottent dans l'eau, c'est grâce à un organe particulier, la vessie natatoire. C'est un sac de peau empli de gaz, qui ressemble à un ballon en baudruche, et qui, selon qu'il est empli ou vide, rend le poisson plus ou moins « léger » et se comporte comme un gilet de sauvetage. Elle est reliée à l'intestin par une sorte de conduit. Les cyprinidés, tels que poissons rouges et Koïs, viennent chercher de l'air à la surface et le font pénétrer dans la vessie natatoire, mais ils peuvent aussi la vider, ce que font peu de poissons.

Les jeux amoureux : le poisson donne des coups de queue dans l'eau. Le mâle nage derrière la femelle et lui donne des coups de museau dans le ventre pour l'inciter à pondre.

La respiration

Les poissons respirent l'oxygène dissous dans l'eau grâce à leurs branchies. Ils ouvrent la bouche et écartent les ouïes. L'eau pénètre à flots dans la bouche, traverse les branchies et ressort par les ouïes. Les branchies sont des organes très fragiles. C'est par elles que l'oxygène de l'eau passe dans le sang et, inversement, le gaz carbonique du sang dans l'eau. Hors de l'eau, les branchies se collent aussitôt et ne peuvent plus remplir leur fonction. Si elles sèchent, le poisson meurt. C'est pour cela que la plupart des poissons ne survivent pas quand ils sont à terre.

Les organes des sens

La vue : les poissons sont myopes et ne voient que jusqu'à 10 ou 12 m. Comme l'eau est le plus souvent troublée par des algues et autres corps flottants, il ne leur serait guère utile de voir plus loin. En revanche, ils distinguent bien les couleurs, comme des tentatives de dressage l'ont montré : les poissons devaient par exemple chercher leur nourriture dans des récipients de diverses couleurs, ou bien ils ne recevaient d'aliments que s'ils avaient reconnu une couleur particulière parmi les autres.

L'odorat : les poissons ont un odorat très fin, mais c'est sans intérêt pour les animaux qui fouissent tels que carpes d'ornement et poissons rouges.

Le goût : le goût aussi est bien aiguisé et c'est sur lui que se reposent les poissons fouisseurs. Les papilles gustatives sont principalement dans la bouche ; chez la carpe, elles sont même concentrées en un organe en forme de coussinet. On les trouve aussi abondamment sur les barbillons – les carpes d'ornement en ont quatre. Si, pendant que l'animal fouit, les barbillons viennent à toucher un aliment, il est aussitôt reconnu.

Le toucher : les barbillons servent aussi d'organes du toucher. Mais l'organe caractéristique du poisson est la ligne latérale qui lui permet de s'orienter remarquablement. Quand le poisson approche d'un objet dur, racine, caillou ou autre poisson, il se produit une légère pression sur le côté correspondant et les cellules sensitives de la ligne latérale sont stimulées. Ainsi, même dans la complète obscurité, le poisson perçoit n'importe quel obstacle et peut l'éviter. C'est pourquoi on parle du sens du toucher à distance.

L'ouïe : celle des Koïs est excellente. Ils perçoivent les sons entre 20 et 6 000 Hz, ce qui correspond à huit octaves. La vessie natatoire leur sert d'amplificateur. Les ondes la font vibrer et sont transmises à l'oreille par les « osselets de Weber ».

La sensibilité à la température : il est prouvé que les poissons possèdent aussi des organes de perception de la température qui leur permettent de chercher les eaux dont la température correspond à leurs besoins.

Ces organes les alarment quand la température se modifie brutalement et provoquent des réactions telles que ternissement de la peau. Une baisse de température de 4° C est capable de provoquer cette réaction chez la carpe d'ornement. Vérifiez donc bien la température avant de mettre vos poissons dans leur nouvel aquarium.

Comportement et quête de nourriture

Poissons rouges et carpes d'ornement sont des animaux paisibles qui se déplacent en bancs peu serrés.

Les congénères ne se battent pas car ils sont omnivores et ne se gênent pas mutuellement dans la recherche de nourriture.

En haut, à gauche : Schusui ; à droite : Ohgon ; en bas, à gauche : Hi-Mizugo Ohgon ; à droite : Asagi.

La quête de nourriture : poissons rouges et Koïs ont toujours faim et ne cessent de manger. Avec un plaisir évident, ils fouissent côte à côte dans le sol. Quand un poisson tombe sur quelque chose de comestible, il avance les lèvres très mobiles, plonge dans le sol et engloutit sa proie, petit crustacé, ver, insecte aquatique. Si la proie n'était pas comestible – caillou, sable, boue –, elle sera recrachée. Les poissons aiment racler les algues qui poussent sur les pierres, les racines et autres plantes. Les carpes d'ornement s'attaquent aussi aux plantes aquatiques. Cette incessante quête de nourriture ne signifie pas qu'ils s'emplissent l'estomac à le faire éclater. Bien au contraire. Poissons rouges et carpes d'ornement n'ont pas d'estomac et ne peuvent donc pas faire de réserves d'aliments. Leur règle d'or est « peu, mais souvent ». Il vaut donc mieux la respecter quand on les nourrit, au moins deux fois par jour. Poissons rouges et carpes apprennent vite à se rassembler à l'endroit où on les nourrit dès qu'on s'approche du bassin.

La reproduction

Les poissons se reproduisent par leurs œufs qui sont fécondés hors du corps. Au printemps, quand l'eau atteint 17° à 18° C, poissons rouges et carpes d'ornement s'apprêtent à se reproduire. Le mâle atteint la maturité sexuelle au cours de la deuxième année, on le dit alors « laité », la femelle seulement au cours de la troisième, on la dit « œuvée ».

Poissons rouges ordinaires.

Le frai : certains signes montrent que l'animal est prêt pour le frai. Chez le mâle apparaissent ce que l'on appelle les « boutons de noce » au niveau des ouïes tandis que le ventre des femelles, empli à craquer de milliers d'œufs, devient mou *(« Élevage des poissons rouges », p. 40).* Le moment venu, les mâles commencent à poursuivre les femelles, ils se pressent à leur côté et leur donnent des coups de museau dans le ventre pour les inciter à pondre. Pour ce jeu plus ou moins violent, les carpes aiment jouer dans des eaux peu profondes. On dit qu'elles « fouettent ». Pour finir, les femelles éjectent leurs œufs dans un nuage de cellules reproductrices mâles.

Croissance des petits : le frai fécondé s'accroche aux plantes et la maturation commence. Dans une eau à 18-20° C, les alevins – les jeunes poissons – sortent de l'œuf en trois à quatre jours. Ils mesurent 6 mm et restent au fond de l'eau. Ils se nourrissent d'abord du contenu de leur poche nutritive, sur le côté du ventre. Elle est vidée en une semaine, après quoi les jeunes poissons doivent chercher eux-mêmes leur nourriture.

Dans la nature, les carpes doivent pondre de grandes quantités d'œufs car elles ne couvent pas et leur descendance est absolument sans protection. Les animaux aquatiques aussi adorent le « caviar » et il y a de nombreux prédateurs de frai, y compris parmi les congénères. Au cours de la première année, les alevins sont exposés à d'innombrables dangers, libellule, larve de dytique, perche, brochet, etc. Parmi la quantité d'œufs, bien peu vont survivre et devenir des poissons.

Élevage des poissons rouges

Les poissons rouges se reproduisent facilement en aquarium, à la différence des carpes qui ont besoin d'une frayère de plein air, ce qui n'est pas à la portée de l'amateur. Nous ne traiterons donc ici que de la reproduction des poissons rouges. Celle des carpes d'ornement se déroule selon un processus semblable mais plus complexe.

Le patrimoine génétique
La reproduction de poissons rouges d'espèces variées permet un jeu très intéressant avec le patrimoine génétique et nous introduit à la complexité des associations génétiques au moment où se crée un être nouveau. Les petits ne sont pas identiques aux parents. Chaque individu n'a reçu qu'une partie du riche patrimoine génétique de chaque parent. Au seul niveau de la coloration, les héritiers sont déjà très différents. Des parents à taches rouges et blanches auront des petits à taches rouges et blanches, mais aussi des blancs, rouges ou jaune pur, et parfois même des petits tricolores, à taches noires. Très peu d'animaux sont de « race pure », et cela leur donne une grande valeur. S'y ajoute l'immense diversité des nageoires qui multiplie à l'infini les variétés de formes et de couleurs.

Un peu de génétique
L'apparence extérieure et les caractères d'espèce tels que la rapidité de croissance ou la résistance dépendent, chez les êtres vivants, de milliers de caractères héréditaires. Leur transmission suit des règles complexes que nous évoquerons ici succinctement. Chez les poissons rouges, quelques individus de chaque frai seront seuls porteurs des caractères désirés, du fait que chaque individu possède en double exemplaire tous les gènes qui déterminent la morphologie, la longueur des nageoires, la coloration, etc.
Le gamète de la mère et celui du père contiennent chacun la totalité des gènes nécessaires. Au moment de la fécondation, c'est-à-dire de la rencontre de l'ovule et du spermatozoïde, le patrimoine génétique est donc double. Mais il y a des gènes forts (dominants) et des gènes faibles (récessifs).
Un gène dominant apparaîtra chez le descendant dès lors que l'un des parents en est porteur. Il peut aussi venir des deux parents. Dans le premier cas, on dit que les petits sont d'hérédité mixte, dans le deuxième cas, ils sont de race pure.Un gène récessif doit provenir de l'héritage des deux parents pour apparaître chez le descendant. Seuls les sujets de race pure seront alors porteurs du caractère.
Exemple : la nageoire caudale normale du poisson rouge ordinaire *(voir p. 46)*, simple et assez courte, est déterminée par un gène dominant ; celle du Queue-de-voile, en forme de voile, par un gène récessif. Si vous croisez un poisson rouge ordinaire de race pure avec un Queue-de-voile (toujours de race pure), tous les descendants seront métis, c'est-à-dire qu'ils auront à la fois les gènes de nageoires simples et ceux de nageoires doubles en forme de voile. Ils ont, en général, l'aspect de poissons rouges ordinaires puisque le gène dominant est celui de la forme simple. Mais on trouvera quelques Queues-de-voile parmi eux.

Si vous croisez entre eux les petits, 75 % des petits auront une nageoire caudale normale et courte : ils peuvent être de race pure ou métis ; 25 % auront une queue de voile double : ils sont tous de race pure. Si vous croisez les petits avec un Queue-de-voile, vous obtiendrez 50 % de poissons ordinaires à queue courte, métis. Les 50 % restants auront une queue double en forme de voile et seront de race pure *(dessin ci-dessous)*. Ces nombres sont purement statistiques, ce n'est jamais aussi précis dans la nature. Pour votre élevage personnel, vous ne pouvez tabler sur ces chiffres que si vous sélectionnez les meilleurs sujets *(voir ci-après)*. La plupart des caractères, surtout la coloration, suivent des règles encore plus complexes. Si vous voulez vous initier à ces questions, il vous faudra un manuel de génétique.

Avant de commencer l'élevage

Si vous voulez pratiquer l'élevage, vous devez sélectionner des poissons bien formés et en bonne santé, leur fournir une alimentation variée et entretenir parfaitement leur aquarium.

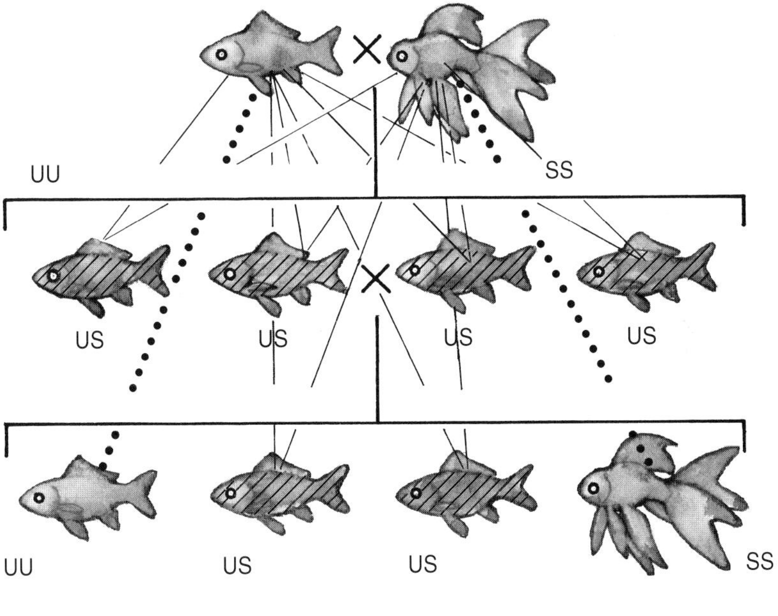

Poisson rouge ordinaire / Queue-de-voile
UU : de race pure / SS de race pure
Tous les descendants sont de race mixte et ont les caractères du poisson rouge ordinaire.
1/4 de race pure / 1/2 métis / 1/4 de race pure
75 % ont un aspect normal / 25 % ont une nageoire en forme de voile
Le croisement d'un poisson rouge ordinaire et d'un Queue-de-voile : ce n'est qu'à la deuxième génération qu'apparaissent des poissons avec une queue de voile.

La sélection : choisissez les sujets vigoureux, sans difformité, aux nageoires bien formées, aux couleurs vives, plein d'entrain et d'appétit. Cela garantit les qualités de leur progéniture. Chez les Queues-de-voile en particulier, évitez absolument les sujets présentant des défauts : par exemple nageoire caudale incomplètement divisée.

Le bon moment : au printemps, de début avril à début juin. Pour préparer vos poissons, maintenez-les durant l'hiver à une température légèrement inférieure de 3 à 4° C *(voir p. 21)*. À partir de mars, augmentez la température et fournissez une nourriture abondante. Ne changez pas l'eau trop souvent, un peu plus tard, c'est l'eau plus fraîche qui déclenchera le frai *(voir p. 43)*.

La maturité sexuelle

Les poissons rouges atteignent leur maturité reproductive à deux ans, mais attendez qu'ils aient trois ans si vous souhaitez une nombreuse descendance. Ensuite, les pontes diminuent de nouveau, mais vous pouvez encore faire se reproduire, sous certaines conditions, des poissons rouges de huit ans. Quelque temps avant le moment prévu, séparez les mâles des femelles pour éviter qu'ils ne fraient prématurément et hors de votre contrôle. Placez-les dans deux aquariums différents. On peut aussi diviser un aquarium de grande taille avec une cloison.

Distinguer les sexes : le signe le plus clair est la rondeur du corps, mais cela ne vaut que pour les poissons de morphologie allongée, pas pour les Queues-de-voile au corps ramassé. Les femelles sont plus rondes et plus pleines que les mâles quand arrive la période du frai. On reconnaît qu'elles sont prêtes à pondre à ce que le ventre, jusque-là ferme au toucher, redevient mou. Les mâles présentent ce que l'on appelle des boutons de noce : ce sont de petits nodules sur les ouïes et les nageoires pelviennes. Si vous examinez attentivement un poisson rouge, vous trouverez chez le mâle une seule ouverture dans la région de l'anus tandis que la femelle en a deux, qui se colorent de rose et se gonflent un peu au moment de la ponte.

Installation en frayère

L'aquarium : de préférence de 100 litres. On le nettoie à fond avant de l'emplir d'eau fraîche à température ambiante. Pas besoin de « fond » qui gênerait plutôt le contrôle. Aérez au moins 24 h et placez un grillage à 2 cm environ du fond (mailles de 1 cm).

Pour stimuler le frai : placez quelques bouquets d'herbes aquatiques – Elodea, Cabomba, Myriophylle – sur la grille. Vous pouvez aussi utiliser un stimulateur de frai en fibres artificielles colorées en vert. Les fibres mesureront au moins 10 cm et seront bien fixées pour ne pas risquer d'être dispersées. Cette installation empêche les poissons de manger leurs propres œufs après la ponte. Si on utilise une grande quantité de plantes ou de fibres, on peut même se passer de grille. Mais veillez à ne pas introduire d'escargot prédateur dans l'aquarium.

Filtre : utilisez de préférence un filtre en mousse pour éviter que les œufs ou les alevins ne soient aspirés. L'eau restera claire.

Introduction des poissons : mettez deux mâles pour une femelle. Dans un aquarium de 200 litres, vous pouvez mettre deux à trois femelles avec le nombre correspondant de mâles, mais le frai risque d'être dévoré. Le meilleur moment est en début d'après-midi : les poissons ont alors le reste de la journée et de la nuit pour s'accoutumer au nouvel environnement. L'eau fraîche les stimule : les mâles poursuivent les femelles en leur donnant des coups de museau dans le ventre. Au bout d'un ou deux jours, le jour même parfois, les poissons fraient.

Frai et maturation des œufs

Le frai commence peu après le lever du soleil et dure quelques heures. Les femelles pondent, suivant leur taille, jusqu'à six mille œufs, par petites pontes qui sont aussitôt fécondées par le mâle. Quand elles sont épuisées, elles se posent au sol et ne réagissent plus aux sollicitations des mâles. Vous pouvez alors sortir les poissons.

Les œufs fécondés qui collent au support de frai ou aux plantes vont mûrir. Ils deviennent plus sombres. Au bout d'un ou deux jours on peut déjà discerner deux points noirs, les yeux des embryons. Les alevins sortent de l'œuf en deux à quatre jours suivant la température de l'eau. Ils ont encore la bouche fermée et possèdent une poche nutritive où ils vont puiser leur nourriture jusqu'à ce qu'ils nagent. Pendant cette période, ils restent accrochés à la paroi ou au sol de l'aquarium au moyen de glandes adhésives.

Évitez l'ensoleillement direct : une partie des œufs risque d'en mourir. Protégez l'aquarium avec du de papier journal jusqu'à ce que les alevins sachent nager.

Attention aux œufs non fécondés : les œufs non fécondés blanchissent et se dissolvent, ce qui entraîne souvent le développement de *Saprolegnia (Mousse, voir p. 30)* qui risque de contaminer les embryons en voie de développement et de les tuer. Ce risque est plus important en cas de frai très dense avec des œufs nombreux en grappes serrées. Si des œufs blanchissent, aspirez-les soigneusement.

Nageoire caudale en forme de voile : elle est caractéristique du Queue-de-comète (en haut) et du Queue-de-voile (en bas).

Pour éviter la propagation ajoutez de l'Acriflavine (Trypaflavine) en solution à 0,1 % à l'eau de l'aquarium à raison de 16,5 ml pour 10 litres d'eau. On peut aussi utiliser un désinfectant courant, mais il peut être nettement plus nocif que l'Acriflavine, il faut donc le dissoudre quatre fois plus. Le bleu de méthylène, inoffensif, est aussi utile : mettez-en assez, vous devez pouvoir à peine distinguer le frai.

L'élevage des alevins

En trois jours, les petits ont épuisé leur poche nutritive. Ils montent alors vers la surface et emplissent d'air leur vessie natatoire. À partir de ce moment-là, ils sont capables de nager à l'horizontale comme de vrais poissons et de chercher leur nourriture. Ôtez précautionneusement la grille d'alevinage, aspirez les œufs restants pour qu'ils ne polluent pas l'eau et complétez avec de l'eau fraîche, qui doit absolument être à la même température que celle de l'aquarium. Nourrissez les alevins plusieurs fois par jour en petites quantités pour qu'ils aient toujours le ventre bien rond. Nettoyez tous les jours le fond en aspirant les restes de nourriture.

Les aliments d'alevinage

Pour les petits poissons rouges et Queues-de-voile qui mesurent environ 6 mm, on trouve en animalerie quantité d'aliments d'alevinage, mais les aliments secs ordinaires conviennent aussi : il suffit de les écraser finement dans un mortier avant de les répandre à la surface de l'eau.
Du jaune d'œuf dur convient très bien. Faites passer à travers un tamis un ou deux morceaux de la grosseur d'un pois, finement écrasés. Le jaune se dissout en un nuage de fines particules dont la taille est parfaitement adaptée à la bouche des alevins, et qui sont particulièrement nutritives.
De la farine de soja ou d'avoine sera de la même façon tamisée à la surface.
Des paramécies : c'est un aliment important, que vous pouvez cultiver vous-même. Mettez des tranches de chou-rave dans un verre avec environ 200 ml d'eau de l'aquarium ou du bassin. Au bout de 15 jours, aspirez avec une pipette les paramécies qui se sont multipliées et continuez la culture dans une solution nutritive (eau bouillie avec une à deux gouttes de lait concentré ; laissez à l'air libre, puis ajoutez encore une goutte). Ajoutez de temps en temps une goutte de lait concentré en guise d'engrais. Ramassez à la cuillère les paramécies qui se sont multipliées et versez-les dans l'aquarium. Renouvelez la culture chaque mois.
Les naupliies, larves du crustacé Artemia salina sont également un aliment de choix. On peut conserver au sec des années les œufs à coque dure que l'on trouve en animalerie. Pour faire éclore les larves, on dissout 25 g de sel de cuisine dans un demi-litre d'eau, on en emplit une bouteille dans laquelle on introduit 1 à 3 ml d'œufs d'artemia. Le récipient doit être aéré, sinon les œufs meurent. Les larves sortent en 48 h. Rincez-les soigneusement à l'eau claire avant de les donner aux alevins.
Remarque : *au bout de deux semaines, les alevins mangent de petites puces d'eau, cyclops, tubifex hachés et larves de moustiques ainsi que des aliments séchés écrasés entre les doigts.*

Sélection et poursuite de l'élevage

Environ trois semaines après l'éclosion, les alevins mesurent 1,5 cm ; il est temps de les sélectionner. Faites baisser doucement le niveau de l'eau et déposez les petits l'un après l'autre avec une louche dans un récipient plat. Vous pourrez voir à l'œil nu si le jeune a hérité des nageoires de ses parents ou non. Séparez les sujets à nageoires doubles de leurs frères à nageoires simples qui grandissent beaucoup plus vite et risquent de dévorer les poissons de race pure.

Mettez-les dans deux aquariums, ou séparez-vous d'une partie des poissons. Pour continuer l'élevage, vous mettrez les poissons choisis dans un aquarium de 200 litres en veillant à renouveler l'eau régulièrement à raison de 20 % par semaine dès que les alevins atteignent 4 à 5 cm. Leur croissance sera proportionnelle à la quantité de nourriture et d'eau fraîche dont ils disposeront. Le séjour idéal pour de jeunes poissons rouges, c'est un bassin de jardin peu profond et bien chauffé par le soleil. Ils y grandiront sans dommage jusqu'à l'automne, où vous les rentrerez en appartement.

La fécondation artificielle

Pour les amateurs qui aiment observer les amours passionnées de leurs poissons, les méthodes de fécondation artificielle des poissons rouges sont sans grand intérêt. C'est pourquoi je ne ferai que mentionner la technique du dépôt qui vous assure l'obtention de descendants plus beaux ou plus intéressants.

Anesthésie : il faut anesthésier les animaux pour éviter qu'ils se blessent en se débattant. Utilisez du MS 222 de Sandoz ® (100 mg par litre d'eau) ou du Metomidate (Hypnodil ® de Janssen) à raison de 5 mg par litre d'eau, que vous trouverez chez le vétérinaire. Prévoyez 200 mg de carbonate de chaux par litre d'eau pour neutraliser l'anesthésique et éviter d'endommager les branchies. Capturez les poissons et faites-les séjourner quelques minutes dans la solution narcotique jusqu'à ce qu'ils tombent sur le flanc. Restez présent et surveillez les poissons !

Dépôt : il vous faut un linge humide, un petit récipient de plastique et un petit bâtonnet de verre arrondi.

- Attrapez la femelle endormie et posez-la sur le dos sur le linge humide que vous aurez étalé sur votre main gauche.
- Tamponnez le ventre de l'animal avec un bout du linge pour le sécher, vous vous assurerez en même temps que son ventre est bien mou et empli et qu'elle est prête à frayer.
- Tenez l'animal au-dessus du récipient de plastique et pressez lui doucement le ventre entre le pouce et l'index en les faisant glisser de l'avant vers l'ouverture de l'anus. Si la femelle est vraiment prête, deux pressions maximum devraient suffire pour que les œufs jaillissent dans le récipient.
- Dès que la femelle est « vidée », recommencez la même procédure avec le mâle choisi. On fait déposer de la même façon sa laitance dans le récipient.

Important : *poisson et récipient doivent être tout à fait secs car le frai ne doit pas venir au contact de l'eau.*

- Après le dépôt, remettez les poissons dans un récipient d'eau d'aquarium propre. Ils vont s'éveiller en peu de temps et vous pourrez les remettre dans l'aquarium.
- Mélangez avec soin frai et laitance avec le bâtonnet de verre.
- Quand le mélange est bien homogène, ajoutez-y de l'eau puisée dans l'aquarium d'élevage. C'est là que va se produire la fécondation car les spermatozoïdes ne deviennent mobiles que dans l'eau.
- On répartit soigneusement les œufs fécondés dans la frayère. Le processus se poursuit alors comme dans la nature.

Les meilleures espèces de poissons rouges

Quelques conseils pour l'élevage
Aquarium : tous les poissons rouges peuvent être élevés en aquarium non chauffé, même si, en hiver, la pièce où se trouve l'aquarium est peu chauffée. Ils préfèrent vivre entre eux, hors de la concurrence d'autres espèces. Donnez-leur pour compagnons le gros planorbe *(Planorbarius corneus)* et l'escargot vivipare des marais *(Paludina vivipara)*. Ces deux escargots n'endommagent pas les plantes et éliminent les restes de nourriture. Si la température de l'eau ne descend pas au-dessous de 18° C, introduisez le barbeau siamois *(Epalzeorhynchus siamensis)* qui mange les algues.
Élevage permanent en étang : peu d'espèces s'y prêtent car les hivers sont froids et longs sous nos latitudes. Le poisson rouge simple, le poisson rouge japonais ou Wakin, le Shubukin et le Queue-de-comète peuvent être élevés en plein air.
Séjour d'été : mais toutes les autres espèces tireront profit d'un séjour en plein air durant l'été. Choisissez un bassin d'une profondeur de 40 à 50 cm, qui se réchauffera vite. À l'automne, quand la température redescend à 15° ou 16° C, vous les remettrez dans l'aquarium. Les espèces à longues nageoires ou au corps ramassé nagent lentement : ils sont la proie désignée des chats errants. Aménagez le bord du bassin de telle sorte que les chats ne puissent approcher. Le séjour d'été en plein air redonne aux poissons une nouvelle vigueur. Leur coloration, sous l'influence de la lumière vive et des insectes et crustacés qui vivent dans l'étang et constituent une part importante de leur alimentation, acquiert une intensité qu'elle n'a jamais en aquarium. Les animaux grossissent également davantage qu'en aquarium.

Remarque : *À l'inverse des carpes d'ornement, les poissons rouges n'endommagent pas les plantes aquatiques.*

Les meilleures espèces de poissons rouges
On trouve certes en animalerie diverses espèces de poissons rouges : ordinaires, au printemps surtout, à l'époque des bassins de plein air ; poissons de sélection tout au long de l'année, mais vous devrez chercher longtemps pour trouver des sujets d'une réelle qualité. Si vous souhaitez une espèce particulière, votre patience risque d'être mise à l'épreuve. Je ne vous citerai que des espèces que l'on peut trouver sans trop de difficulté.

Quelques belles espèces de poissons rouges : en haut, à gauche : Ryukin Sarasa ; à droite : Ryukin Sarasa ; au milieu à gauche : Écailles-perlées ; à droite : poisson-bulle ; en bas à gauche : bouquet ; à droite : poisson-œuf.

Poisson rouge ordinaire
(photos p. 20 et 38)
Origine : Chine. Issu du cyprin doré par sélection et élevage *(voir p. 5 : la naissance du poisson rouge).*
Morphologie : comme la forme originelle, corps allongé, flancs aplatis, un peu plus haut qu'épais, aérodynamique comme tous les animaux sauvages.
Nageoires : sans modification.
Coloration : rouge lumineux, cuivré ou tacheté. Le poisson rouge Kaliko est blanc à larges taches rouges mouchetées de noir. La coloration de base est souvent bleue.
Le Sarasa est rouge tacheté de blanc.
• Poisson d'étang robuste et apprécié.

Poisson rouge japonais (Wakin)
Origine : Japon.
Morphologie : long, fuselé, très grand – 30 cm – et souvent plus large que le poisson rouge chinois.
Nageoires : dorsale, pectorale et ventrale sans modification. La caudale se divise parfois en trois ou quatre ou est un peu plus longue.
Coloration : rouge, rouge tacheté de blanc ou blanc pur.
• Bon poisson d'étang.

Poisson rouge Yamagata (Yamagata-Kingyo)
Origine : Japon.
Morphologie : ramassée, plus trapu que les autres poissons rouges.
Nageoires : toutes sont plus longues, la caudale a deux ou trois pointes.
Coloration : rouge ou rouge tacheté de blanc.
• Très bon poisson d'étang.

Quelques belles espèces de poissons rouges : en haut à gauche : Télescope rouge ; à droite : Télescope Kaliko ; en bas à gauche : Œil-au-ciel ; à droite : Télescope noir.

Kaliko à taches rouges ou Shubunkin *(photo p. 20)*
Origine : Japon.
Morphologie : allongée, comme le poisson rouge ordinaire.
Nageoires : toutes sont allongées, la dorsale est normale, la caudale allongée en forme de voile, à deux pointes.
Coloration : blanc, parfois bleu, avec des taches rouges, jaunes et noires.
• Excellent poisson d'étang.

Queue-de-comète *(photo p. 20)*
Origine : Chine.
Morphologie : comme le poisson rouge ordinaire, parfois plus ramassé ou plus haut.
Nageoires : toutes sont plus longues, la dorsale plus haute, la caudale très longue, souvent plus que le corps, avec deux pointes très séparées et de même longueur.
Coloration : rouge uni en général, parfois jaune, rouge à taches blanches ou noires.
• Excellent poisson d'étang.

Queue-de-voile ou Ryukin
(photos p. 19 et 47)
Origine : Chine.
Morphologie : ramassée et ovoïde.
Nageoires : toutes sont plus longues, la dorsale flotte comme un drapeau, la pelvienne est double, la caudale forme une longue traîne et est toujours divisée en deux sur toute sa longueur. Son extrémité est soit droite, soit sinueuse : la caudale a alors quatre pointes.
Coloration : rouge uni, orange, blanc, noir, ou à taches multicolores.
Queue-de-voile Kaliko : comme le poisson rouge Kaliko.
Chaperon rouge ou Tancho : blanc avec une tache rouge sur la tête.
• Les Queues-de-voile atteignent leur pleine beauté vers quatre ans.

• Ce sont des animaux très fragiles qui ont besoin d'une température minimale de 15 à 18° C mais n'ont leur pleine vivacité qu'à 20° C.
• L'élevage en bassin de plein air n'est donc possible qu'en été.
Ils préfèrent un aquarium spacieux.

Poisson rouge Tosa ou Tosakin
Origine : Japon.
Morphologie : comme les Queues-de-voile, mais le museau est plus pointu.
Nageoires : comme les Queues-de-voile, le bord de la caudale est ondulé et relevé vers l'avant ce qui lui donne l'aspect d'un éventail.
Coloration : rouge, la nageoire caudale est bordée de blanc.
• Fragile : à réserver à l'aquarium.

Watonai
Origine : Japon. Issu du croisement d'un Wakin et d'un Queue-de-voile.
Morphologie : allongée, fuselée.
Nageoires : toutes sont allongées.
La caudale est complètement divisée (à quatre pointes) ou à trois pointes.
Coloration : rouge, blanc, ou à taches rouges et blanches.
• Espèce résistante, convient au bassin de plein air.

Écailles-perlées ou Chunshuyui
(photos p. 20 et 47)
Origine : Chine.
Morphologie : ovoïde, comme le Queue-de-voile. Les écailles ressemblent à des moitié de perles. Si le poisson, blessé, perd quelques écailles perlées, les écailles qui repoussent sont normales.
Nageoires : à peine allongées, la pelvienne est double, la caudale a quatre pointes.
Coloration : corps rouge taché de blanc, nageoires blanches.
• Fragile, à réserver à l'aquarium.

Télescope ou Demekin *(photo p. 48)*
Origine : Chine.
Morphologie : ramassée et ovoïde comme le Queue-de-voile. Les yeux sont beaucoup plus gros et sortent des orbites comme un télescope. Ils sont dirigés vers l'avant et atteignent, dans le cas idéal, la pointe du museau.
Diamètre des yeux : 12 à 15 mm.
Nageoires : comme le Queue-de-voile.
Coloration : rouge, noir, ou comme les Kaliko.
• Les poissons-télescope sont fragiles et ne doivent pas être élevés avec des poissons rouges ordinaires, beaucoup plus rapides. Réserver à l'aquarium.

Œil-au-ciel ou Chotengan
(photo p. 48)
Origine : Chine.
Morphologie : comme le Queue-de-voile mais un peu plus allongé. les yeux sont exorbités mais pas dirigés vers le haut.
Nageoires : à peine allongées, la caudale est divisée, pas de dorsale.
Coloration : rouge ou tricolore.
• Fragile, aime la chaleur, réserver à l'aquarium.

Œil-de-dragon
Origine : Chine.
Morphologie : ramassée et ovoïde comme le Queue-de-voile. Les yeux sont grossis comme chez le Télescope, d'un diamètre d'environ 12 mm.
Ils ne sont pas dirigés vers le haut ou vers l'avant mais ont une position normale, sur le côté.
Nageoires : allongées mais pas autant que chez le Queue-de-voile double, caudale et pelvienne sont doubles. *Coloration :* rouge uni ou tricolore.
• L'Œil-de-dragon est fragile ; n'élevez avec lui que des espèces à nage lente.

Poisson-bulle ou Suihogan
(photo p. 47)
Origine : Chine.
Morphologie : comme chez l'Œil-au-ciel, ramassée. Les yeux sont dirigés vers le haut mais de taille normale. Sous l'œil se trouve une ampoule gonflée de liquide qui bouge quand il nage et menace sans cesse de crever.
Nageoires : comme l'Œil-au-ciel.
Coloration : rouge.
• Le poisson-bulle est le plus fragile des poissons rouges. Réserver à l'aquarium, sans mélanger à d'autres espèces.

Queue-de-paon ou Jikin
Origine : Japon.
Morphologie : ovoïde comme le Queue-de-voile, mais moins ramassée.
Nageoires : légèrement allongées, la caudale s'élève verticalement et s'épanouit comme la roue d'un paon.
Coloration : blanc argenté, avec les nageoires, les ouïes et les yeux rouges.
• L'une des espèces les plus précieuses.

Poisson-œuf ou Marco
(photos p. 20 et 47)
Origine : Chine.
Morphologie : ramassée, ovoïde, le dos voûté. La colonne vertébrale plonge vers la nageoire caudale.
Nageoires : longueur normale, la caudale est divisée, pas de dorsale.
Coloration : rouge.
• Le poisson-œuf nage lentement et aime la chaleur. Réserver à l'aquarium.

Poisson-œuf blanc ou Nankin
Origine : Japon.
Morphologie : comme le poisson-œuf.
Nageoires : idem.
Coloration : corps blanc, insertion des nageoires et ouïes rouges, nageoires roses. Les yeux peuvent être rouges.
• Fragile, réserver à l'aquarium.

Tête-de-buffle (Tête-de-lion) ou Rancho
(photos couverture, p.10)
Origine : incertaine, Chine ou Japon.
Morphologie : comme le poisson-œuf. À trois mois, une excroissance de peau au sommet de la tête forme un capuchon qui va du front aux ouïes et aux yeux. C'est ce capuchon qui lui donne cet aspect de taureau. Il atteint 18 cm.
Nageoires : comme le poisson-œuf.
Coloration : rouge, ou à taches rouges et blanches.
• Rare en Europe. Réserver à l'aquarium.

Tête-de-lion hollandais ou Oranda Shishigara
(photos p. 10 et 20)
Origine : Chine.
Morphologie : ressemble beaucoup au Queue-de-voile *(voir p. 49)* mais plus long. C'est le plus grand poisson rouge, il peut atteindre, nageoires comprises, 60 cm. Excroissance de peau au sommet de la tête (comme le Tête-de-buffle, mais moins prononcée).
Nageoires : forme et taille comme le Queue-de-voile.
Coloration : rouge uni en général, jaune ou noir. On en trouve de blancs avec une mouche rouge sur chaque écaille et des Kaliko.
• Une des espèces les plus belles pour l'aquarium, aime la chaleur (pas moins de 18° C en hiver).

Shukin, Kaliko d'automne
Origine : Japon.
Morphologie : comme le Tête-de-lion hollandais.
Nageoires : idem, mais sans dorsale.
Coloration : rouge ou tricolore.
• Rare, réserver à l'aquarium.

Quelques espèces de carpes d'ornement

Les carpes d'ornement sont originaires du Japon *(voir p. 6)* mais les Japonais n'ont pas modifié la forme originelle de la carpe sauvage, très élancée, à l'inverse des poissons rouges pour laquelle ils ont joué avec toutes les formes possibles. Une carpe d'ornement doit être vigoureuse mais élancée, à l'inverse des espèces européennes qui sont élevées pour leur chair. Dans leur sélection, les Japonais ont mis l'accent sur la coloration. Vous trouverez p. 52 et 53 la description des espèces de carpes ornementales que l'on trouve en Europe.

Les beaux Koïs sont rares

Il n'y a pas d'élevage traditionnel de ces poissons. Les carpes vraiment belles sont rares car les éleveurs ne pratiquent pas une sélection assez rigoureuse et le prix élevé de ces animaux fait importer des sujets de mauvaise qualité. Il semble que cela s'améliore : l'amateur trouve de plus en plus de sujets de qualité, qui correspondent aux critères japonais, même s'il lui faut encore chercher longtemps.

Le succès restreint de la carpe d'ornement en Europe tient à ce que sa taille – qui peut atteindre 60 cm – la rend impropre à l'élevage en aquarium. Seuls les alevins peuvent y vivre. Les carpes sont belles à regarder d'en haut. Mais la vogue des bassins de plein air fait croître le nombre d'amateurs.

Conseils d'élevage

Toute l'année au bassin : les Koïs résistent à l'hiver et peuvent passer la saison froide sous la couche de glace qui recouvre le bassin. Elles se rassemblent dans les eaux les plus profondes et y restent immobiles. Sous nos latitudes, prévoyez qu'une partie du bassin ait une profondeur de 1,5 à 2 m. Une surface d'1m^2 suffit, pas plus, sinon vos carpes s'y rassembleraient en été et vous ne pourriez profiter de leur vue.

Hivernage en intérieur : si vous ne pouvez offrir cette profondeur à vos Koïs, il vaut mieux les hiverner dans un bassin de plastique à la cave ou toute autre pièce hors gel. Veillez à l'oxygénation au moyen d'une pompe à membrane et filtrez l'eau avec un filtre à moteur. Renouvelez une partie de l'eau du bassin à intervalles réguliers. Les bassins en résine polyester renforcée de fibre de verre sont très utilisés dans l'industrie et les jardineries. Comptez 100 à 120 litres d'eau par carpe adulte. Maintenez la température fraîche (12° C) pour ne pas être obligé de les nourrir trop souvent. Dès que l'eau du bassin atteint cette température, remettez les carpes dehors. Veillez à l'équilibre des températures !

Apprivoisez-les

Les Koïs s'apprivoisent bien et si vous les nourrissez toujours au même endroit, elles apprennent à se rassembler quand vous frappez les mains ou au

coup de gong. Les Japonais entraînent leurs animaux régulièrement : les deux premiers jours qui suivent l'installation des carpes, ils s'en approchent sans les nourrir. Le troisième et le quatrième jours, ils agitent doucement la main dans l'eau pour attirer l'attention des poissons. Le cinquième jour, enfin, ils jettent un peu d'herbe coupée à la surface, et si les poissons bondissent, ils donnent un peu de nourriture – pas plus que ce qui peut être consommé immédiatement.
S'ils claquent doucement des mains juste avant de les nourrir, les carpes prennent l'habitude de se rassembler à ce signal et viennent prendre leur nourriture directement dans la main

On classe les carpes d'ornement suivant leur couleur et on utilise leur nom japonais. Leur élevage étant récent, elles n'ont pas encore de nom chez nous. Notre mode d'élevage des carpes-miroir et carpes-cuir a entretemps influencé l'élevage japonais : ces ancêtres du Koï sont soit dépourvus d'écaille, soit couverts d'écailles en miroir. Ces espèces sont appelées « Doitsu » (carpe allemande) par les Japonais.
Les « Doitsu » doivent avoir des écailles à miroir non pas disséminées sur tout le corps mais alignées le long des flancs ou sur l'arête dorsale. Tous les Koïs, à l'inverse de nombreux poissons rouges, ont gardé la forme élancée de la carpe sauvage.
Ils n'atteignent leur pleine beauté que vers trois ans.

Carpes unicolores
Elles doivent avoir la même coloration sur tout le corps. Les nageoires sont soit de la même couleur, soit incolores. Seules les écailles peuvent avoir un reflet nacré dû à un dépôt de guanine, ce qui leur fait jeter des éclairs au soleil. Ces poissons sont appelés Ginrin ou Gin-Lin (reflets d'argent).
On appelle aussi unicolores les carpes dont la couleur de base unie est nuancée (par exemple, couleur de base jaune-vert tirant sur le jaune ou l'orangé).

Quelques carpes unicolores
Shiro Muji (shiro = blanc) : blanc uni.
Aka Muji (aka = rouge) : rouge uni.
Ki-Goi : jaune uni.
Karasu-Goi : noir de corbeau.
Ohgon : (= or)
Photos : 2e et dernière pages de couverture et p. 37.
Tout le corps a des reflets métalliques. Le bord des écailles est parfois un peu plus clair que le centre, ce qui dessine un motif en réseau.
- Yamabuki-Ohgon : jaune doré.
- Orenji-Ohgon : orange métallisé.
- Purachina-Ohgon : carpe-platine.

Matsuba : (= carpe pomme-de-pin)
Photo : 2e page de couverture.
Le centre des écailles est brun sombre ou gris sombre et le bord rouge, jaune, doré ou blanc.
Tête et nageoires sont unis, dans la couleur de base.
- Ki-Matsuba : jaune et brun (ou gris).
- Kin-Matsuba : or et brun (ou gris).
- Aka-Matsuba : rouge et brun (ou gris).

Kin-Kabuto : (= casque d'or)
Écailles brunes, nageoires, ligne du dos et dessin de la tête sont dorés.

Koshi No Hisuko
Corps et nageoires ont une coloration jaune à orangé tandis que le dos tire un peu sur le vert. On la classe cependant parmi les carpes unicolores.

Carpes bicolores
Les taches isolées sont bien délimitées et ne doivent pas se mélanger.

Kohaku
Photos : 2e et dernière pages de couverture et p. 9.
Fond blanc, taches rouges.
Les taches doivent être du rouge le plus vif possible et pas trop petites. Les nageoires sont toujours blanches. Le poisson idéal porte soit deux taches (l'une sur la tête, l'autre, plus grande, sur le dos), soit trois (tête, dos et insertion de la queue), soit un ruban continu qui zigzague de la tête à l'insertion de la queue.
Quelques espèces particulières :
• Tancho-Kohaku (= chaperon rouge, à cause du dessin rouge sur la tête des grues japonaises) : une seule tache, sur la tête, le reste du corps est blanc uni.
• Tuchibeni-Kohaku (= rouge à lèvres) : porte une petite tache rouge bien délimitée des autres sur la lèvre supérieure.

Bekko
Photos : 2e et 4e pages de couverture.
La couleur de base est variable, avec des taches noires bien délimitées.
• Shiro-Bekko : taches noires sur fond blanc. Assez fréquente en Europe.
• Ki-Bekko : taches noires sur fond jaune.
• Aka-Bekko : taches noires sur fond rouge.

Utsuri
Photos : 2e et 4e pages de couverture.
Fond noir et taches claires de différentes couleurs. Le fond doit être absolument noir velouté. Très rares chez nous.

Asagi
Photo : p. 37.
Couverte d'écailles comme la carpe sauvage. Couleur de fond gris-bleu, le bord des écailles est un peu plus clair que le milieu et forme une résille. Tête gris uni. Le long du ventre, ruban orange lumineux. Opercules et nageoires sont orange.

Shushui (= Eau d'automne)
Photos : 2e page de couverture et p. 37.
Le Shushui est dépourvu d'écaille ou présente très peu d'écailles en miroir bien rangées le long de la ligne latérale et de l'arête dorsale. Coloration bleue comme l'Asagi, sans motif. Le ventre est orange sombre, avec souvent une ligne orange sur les flancs. Le Shushui est fréquemment importé.

Carpes tricolores
Les carpes tricolores représentées sont blanc, rouge et noir. Les taches sont bien délimitées et ne se fondent pas. Toutes appartiennent au type
Sanshoku (ou Sanke)
Photos : 2e et 4e de couverture.
• Taisho-Sanshoku - fond blanc, taches rouges et noires sur le dos.
• Tancho-Sanshoku : une seule tache rouge sur la tête (voir Tancho-Kohaku) ; taches noires sur le dos.
• Aka-Sanshoku : fond blanc, sur les flancs et le ventre. Le dos est rouge et noir.
• Showa-Sanshoku : fond noir, taches blanches et rouges sur le dos.

L'édition originale
de cet ouvrage a été publiée
sous l'intitulé « Goldfische und Kois »
par Gräfe und Unzer GmbH,
München

Traduction :
Marie Duval

Secrétariat d'édition :
Diana Darley

Maquette :
Béatrice Lereclus

Dépôt légal : 7514-03-1998
N° éditeur : 22269 / 62.65.0544.04.7
ISBN : 2.0101.9811.5

Impression :
Canale
Turin (Italie)

PETITS PRATIQUES HACHETTE

100 titres disponibles

cuisine

- Agneau
- Barbecue
- Bœuf
- Brunchs
- Buffets
- Céréales
- Champignons
- Chocolat
- Cocktails
- Confitures, conserves
- Cuisine alsacienne
- Cuisine asiatique
- Cuisine pour bébés
- Cuisine bretonne
- Cuisine chinoise
- Cuisine aux condiments
- Cuisine créole
- Cuisine pour deux
- Cuisine facile
- Cuisine grecque
- Cuisine aux herbes
- Cuisine indienne
- Cuisine italienne
- Cuisine libanaise
- Cuisine marocaine
- Cuisine orientale
- Cuisine pour une personne
- Cuisine provençale
- Cuisine russe
- Cuisine tex-mex
- Cuisine au tofou
- Cuisine végétarienne
- Desserts
- Entrées et hors-d'œuvre
- Fondues
- Fruits exotiques
- Gratins et soufflés
- Le goût en quatre saveurs
- Légumes
- Mets et vins
- Oeufs
- Pâtes
- Pâtisserie
- Petits gâteaux
- Pizzas et tourtes
- Plats mijotés
- Poissons
- Pomme de terre
- Riz
- Salades composées
- Salades variées
- Sauces
- Soupes et potages
- Tartes et gâteaux
- Veau
- Volailles

animaux

- Aquariums
- Aquarium, les plantes
- Boxers
- Canari
- Caniches
- Chats
- Chiens
- Chinchillas
- Cochon d'Inde
- Hamster
- Perruche callopsitte
- Perruches ondulées
- Lapin nain
- Oiseaux du jardin
- Perroquets
- Petits chiens
- Poissons rouges
- Teckels
- Tortues
- Westies
- Yorkshires

jardinage

- Bambous
- Bégonias
- Bonsaî
- Bouquets
- Bouturages
- Cactus
- Fleurs à bulbes
- Géraniums, pélargoniums
- Jardin de mois en mois
- Orchidées
- Palmiers
- Pelouses et gazons
- Plantes aromatiques
- Plantes d'intérieur
- Potager
- Rhododendrons, azalées
- Roses
- Taille

décoration

- Couronnes de fêtes
- Encadrement
- Fleurs séchées
- Rideaux - Coussins

Hachette, côté pratique